生活
观察
图鉴

中国常见鸟类观察图鉴

徐永春　赵建英　编著

人民邮电出版社

北京

图书在版编目（CIP）数据

中国常见鸟类观察图鉴 / 徐永春，赵建英编著. --
北京 ：人民邮电出版社，2024.2
　（生活观察图鉴）
　ISBN 978-7-115-63334-7

Ⅰ．①中… Ⅱ．①徐… ②赵… Ⅲ．①鸟类—中国—
图集 Ⅳ．①Q959.708-64

中国国家版本馆CIP数据核字(2024)第016823号

内 容 提 要

　　我们喜爱鸟类的形象，欣赏它们的身姿，甚至从它们的身体构造中获得技术进步的灵感。无论人类的足迹出现在哪个大陆，鸟类都出现在我们身边，它们是人类的好伙伴。本书选择148 种常见的鸟类，从外形识别、生活习性、分布地域、生存现状等多方面进行科普，并在利用精美的摄影作品展现它们的美感的同时，配合图片故事和趣味科普让读者了解它们美丽背后的奥秘。

　　通过阅读本书，读者可以在欣赏美丽的摄影作品的同时建立起对鸟类的基本认知，激发对自然生物的好奇心，产生进一步探索的欲望。

◆ 编　　著　徐永春　赵建英
　　责任编辑　付　娇
　　责任印制　周昇亮

◆ 人民邮电出版社出版发行　　北京市丰台区成寿寺路 11 号
　　邮编　100164　电子邮件　315@ptpress.com.cn
　　网址　https://www.ptpress.com.cn
　　北京九天鸿程印刷有限责任公司印刷

◆ 开本：787×1092　1/20
　　印张：16　　　　　　　　　2024 年 2 月第 1 版
　　字数：384 千字　　　　　　2024 年 2 月北京第 1 次印刷

定价：149.80 元

读者服务热线：(010)81055296　印装质量热线：(010)81055316
反盗版热线：(010)81055315
广告经营许可证：京东市监广登字 20170147 号

序

　　鸟类和众多野生动物一样，与人类共生，与人们的生活息息相关。鸟类种类繁多且多为日行性，所以是最容易被观察到和拍摄到的野生动物。鸟类是大自然创造的奇迹，它们有多彩的羽衣、婉转的鸣声、优雅的行为，让人们遇见时不禁驻足观赏。

　　几年前，观鸟和拍鸟活动在中国还鲜为人知，参与的人也非常少。如今观鸟和拍鸟爱好者逐渐增多，在各类自然保护地、公园绿地、农田，甚至高原荒漠、沿海湿地等都能看到观鸟和拍鸟爱好者的身影。这也反映出现代社会的人们越来越多地萌发了亲近自然的真切愿望和精神追求。

　　我很高兴地看到，随着我国生态文明建设、生物多样性保护和爱鸟护鸟理念日益深入人心，越来越多的爱好者加入到观鸟和拍鸟活动中来，同时也感受到国内专业观鸟和拍鸟工具书的出版越来越受到重视。近些年来，一些优质的鸟类图鉴陆续出版发行，《生活观察图鉴 中国常见鸟类观察图鉴》也应运而生。

　　《生活观察图鉴 中国常见鸟类观察图鉴》的两位编者是具有多年观拍经验的鸟类摄影师。本书有别于其他鸟类图鉴的特点是：从游禽、陆禽、猛禽……（生态类群）中筛选出……反映其雌性……展现鸟类的……用准确的文字加以描述；还……的专业知识和相关传统文化加以梳理，整理出 102 个知识点，并以"小贴士"的形式介绍给读者。

　　《生活观察图鉴 中国常见鸟类观察图鉴》是一本将科普性、可读性和鉴赏性融为一体的实用图鉴，会给广大读者带来不少有价值的信息。

赵欣如

2022 年 10 月 20 日

于北京师范大学

前言

在人类出现之前，鸟类就已经在地球上生存了上亿年。我国辽西地区发现的原始祖鸟和尾羽鸟化石，证明了至少在 1 亿 5000 万年前的中生代晚期，鸟类的祖先就已经活跃在这颗蓝色的星球上了。同时，如果溯源而论，鸟类其实就是一种生存至今的恐龙。

也因为这样，人类文明的很多方面都曾受到鸟类的启发和影响，如神话传说和图腾崇拜，《诗经》中的"天命玄鸟，降而生商"就是我国古代以鸟为图腾的真实写照。

人们崇拜一些鸟类的威猛习性，将鸟变成了战胜自然灾害和敌手的象征。如我国劳动人民崇拜的"鹏鸟"，哥伦比亚印第安人图腾画中的"雷鸟"，甚至有的国家用鹰作为国旗图案，象征权力和勇猛。同时，人类的无穷想象力也赋予了鸟类别样的象征，如象征和平的鸽子、象征长寿的鹤类、象征对爱情忠贞的天鹅。而鸟类本身也是大自然精美的杰作，它能带给人们独特的美学享受。那美丽的羽衣、婀娜的姿态、婉转的鸣唱，启迪着无数的艺术家们。

在自然科学方面，鸟类也功不可没。如在生物学、生态学、医学等领域，鸟类就为人们提供了许多课题。飞机的问世和发展，就得益于人们对鸟类飞行进行的研究。

地球上有 10000 多种鸟，中国有 1400 多种鸟，是世界上鸟种最丰富的国家之一。而鸟类作为大自然生物链的重要一环，在当今人类过度开发造成严重环境污染的情况下，其生存环境已经日趋恶劣，这也会影响到人类自身。因此，观察、认识、保护鸟类，给鸟类一定的生存空间是人类的重要责任。

目录

凌波仙子

游禽

竞走健将

陆禽

生活观察
图鉴

中国常见
鸟类
观察
图鉴

关于本书

　　《生活观察图鉴 中国常见鸟类观察图鉴》从游禽、陆禽、猛禽、涉禽、攀禽和鸣禽 6 类鸟中，选取了 148 种中国常见鸟，以高清美图为特色，并辅以 102 个鸟类科普知识和图片故事，是一本学习鸟类知识、欣赏鸟类摄影作品、观鸟和拍鸟的实用图鉴。

　　《生活观察图鉴 中国常见鸟类观察图鉴》的选鸟原则如下：

　　一是广义常见：全国普遍常见的鸟类，如喜鹊、麻雀、白头鹎、乌鸦、白尾鹞、雀鹰等。

　　二是狭义常见：一些鸟类虽然在中国大部分地区少见甚至罕见，但在局部地区，或在同种鸟中相对常见。比如棕尾虹雉在中国大部分地区属于罕见鸟类，但在西藏南部和东南部的局部地区常见。又如紫水鸡，在中国仅见于云南、广西、福建、海南和香港等地区，属于地方区域性常见留鸟。再如山鹪鸪是一种人们往往只闻其名，难见其貌的鸟类，本书选择此类鸟中相对容易见到的红喉山鹪鸪作为代表。

认识鸟图

　　鸟类的习性是很吸引人的，其很多本领也是人类望尘莫及的，有的对人类是有借鉴作用的。

1. 学习专用术语

　　我们观察鸟类，首先要踏踏实实地学习鸟类学的基础知识，掌握鸟类的一般特征和常用形态描述术语，如鸟类身体部位名称（见右二图），这样才能更好更快地辨识鸟类。

2. 了解鸟类分类

　　现存鸟类分为 3 个总目，古颚总目（平胸总目）、楔翼总目（只含 1 目 1 科，即企鹅目、企鹅科）、今颚总目（突胸总目）。今颚总目是现存鸟类中最大类群，除个别种类之外均为善飞的鸟类。

　　各目、科的主要鉴别特征可与鸟的 6 个生态类群结合起来区别记忆，可参考以下常用鸟类分类。

游禽： 鹈形目　雁形目　潜鸟目　䴙䴘目　鹱形目　鸻形目
陆禽： 鸡形目　鸽形目
猛禽： 鹰形目　鸮形目　隼形目
涉禽： 鹳形目　鹤形目　鸻形目　鸻形目
攀禽： 啄木鸟目　鹦形目　鹃形目　夜鹰目　雨燕目
　　　　 咬鹃目　佛法僧目　犀鸟目　鸳形目　鹦鹉目
鸣禽： 雀形目

鸟类身体部位名称图

鸟类身体部位名称图（雁鸭类）

凌波仙子

游禽

针尾鸭（学名：*Anas acuta*）

游禽包括鹈形目、雁形目、潜鸟目、鹧鹈目、鲣鸟目、鸥形目，如大天鹅、赤麻鸭、鸳鸯、中华秋沙鸭、凤头鹧鹈、红嘴鸥、普通鸬鹚等。

此类鸟极善游泳，部分鸟还擅长潜水，双腿一般偏于身体后侧，趾间带蹼，这样的结构更适合游泳和潜水。游禽多有发达的尾脂腺，将其分泌的油脂涂抹在羽毛上可以防水。

大部分游禽都有迁徙的习性，如疣鼻天鹅在我国主要繁殖于新疆中部、北部、青海柴达木盆地、甘肃西北部和内蒙古。越冬在长江中下游、东南沿海和台湾地区。

又如鸳鸯每年 3 月末、4 月初陆续迁徙到我国东北繁殖，9 月末、10 月初离开繁殖地南迁，前往贵州、台湾等地，也有部分鸳鸯由于气候变化等因素不迁徙，成为留鸟。

雁形目 鸭科

Cygnus cygnus

大天鹅

【外形识别】体长 145~165 厘米，雌雄相似。喙端黑色，面积较小，在鼻孔以下。

虹膜为褐色；喙端为黑色，基部黄色；跗跖为黑色。幼鸟灰色，喙端黑色，基部粉色。

【生活习性】栖息于水草丰富的湖泊、水库、沼泽和水流缓慢的河边等地。食物以水生植物为主。

【分布地域】在中国繁殖于新疆、内蒙古和东北。越冬于黄河三角洲至长江中下游地区。

【生存现状】《世界自然保护联盟濒危物种红色名录》无危（Least Concern，LC）；《国家重点保护野生动物名录》二级。

【小贴士】

什么是鸟类环志?

鸟类环志是用来研究候鸟迁徙动态及其规律的一种重要手段。鸟环（标志环）通常由铜镍合金或铝镁合金制成，上面刻有该环的国家、机构、地址和类型等。一般采用脚环，即把环戴在鸟的跗跖部。此外，研究人员根据需要还会将特质的环戴在翅根、鼻孔等处。通过回收或观察环志鸟，研究人员可以了解候鸟迁徙的行踪、年龄以及种群数量等宝贵资料。

1982 年 10 月，我国在中国林业科学研究院林业研究所建立了"全国鸟类环志中心"。《鸟类环志管理办法（试行）》规定，开展鸟类环志活动人员的资质由全国鸟类环志中心培训考试认定和备案。开展鸟类环志活动需要提前申报计划，并且要向主管部门申请捕捉许可。

雁形目 鸭科

Cygnus olor

疣（yóu）鼻天鹅

【**外形识别**】体长 125~160 厘米，雌雄相似。雄鸟前额具明显黑色疣状突起，雌鸟体形略小。

虹膜为褐色，喙为橘红色，跗跖为黑色。幼鸟灰色或浅褐色，喙为深灰色。

【**生活习性**】栖息于水草丰富的湖泊、水库、沼泽和水流缓慢的河边等地。食物以水生植物为主。

【**分布地域**】在中国繁殖于新疆、青海、内蒙古、甘肃和四川。迁徙经东北和华北地区。

【**生存现状**】《世界自然保护联盟濒危物种红色名录》无危（LC）；《国家重点保护野生动物名录》二级。

（小贴士）

什么是"雍容华贵"？

疣鼻天鹅游水时，两翼喜高高拱起，颈部呈 S 形优雅弯曲，显得雍容华贵。这是它与其他白色天鹅的显著区别，也是很多书籍和艺术品中将疣鼻天鹅看作一种优雅化身的原因之一。

雁形目 鸭科

Anser indicus

斑头雁

【**外形识别**】体长 65~80 厘米，雌雄相似，雌鸟体形略小。以白色枕后具两道黑色横条纹为特征。

虹膜为褐色，喙为橘黄色，跗跖为橘黄色。

【**生活习性**】繁殖期栖息于海拔 3000 米以上的高原湿地，以植物性食物为主。

【**分布地域**】在中国繁殖于青藏高原及新疆天山。越冬于西藏南部及西南大部水域或沼泽地区。

【**生存现状**】《世界自然保护联盟濒危物种红色名录》无危（LC）。

〔 小贴士 〕

什么是"弱肉强食"？

在青海湖鸟岛，斑头雁常以千余巢的规模在同一地点进行繁育。它们从 4 月中旬开始营巢。在孵化过程中，斑头雁要经受严寒的考验和天敌的困扰——鸥类和狐狸经常会偷吃斑头雁的卵。

斑头雁雏鸟具有早成性，孵出后不久即能

活动。但巢区里并没有供雏鸟吃的食物，所以亲鸟必须尽快带领雏鸟去往觅食地。要想前往觅食地，就需要冲破巢区通往湖边路上的其他同类的阻碍（上图）。同类的阻碍还只是前奏，对于幼小的雏鸟来说，真正的挑战是湖中的大风大浪（右中图），还有"海盗"渔鸥的追杀（下图）。面对渔鸥的追杀，亲鸟会愤然反击，但也有斑头雁一家被渔鸥"灭门"的惨烈场景出现。

雁形目 鸭科

Anser cygnoides

鸿雁

【外形识别】体长80~90厘米，雌雄相似。以喙与额基之间具一道浅棕色细条纹为特征（亚成鸟的条纹不明显）。

虹膜为褐色，喙为黑色，跗跖为橙黄色。

【生活习性】栖息于开阔平原、平原湖泊、沼泽及其附近地区。以植物性食物为主。常集群活动，特别是在迁徙季节，常集成数百上千只的大群。

【分布地域】在中国繁殖于东北、内蒙古。越冬于长江中下游至东南沿海地区。

【生存现状】《世界自然保护联盟濒危物种红色名录》易危（Vulnerable, VU）；《国家重点保护野生动物名录》二级。

【小贴士】

什么是"鸿雁传情"？

成语"一纸来鸿"中的鸿，就是指鸿雁，即通常所说的大雁。鸿雁本是大型候鸟，每年秋季南迁，常常引起游子思乡之情。《汉书·苏武传》中就载有大雁传书之事。

雁形目 鸭科

Tadorna ferruginea

赤麻鸭

【外形识别】体长 60～70 厘米，雌雄相似，雄鸟颈部具一道黑色窄环。翼羽上具大片白色，翼镜铜绿色。

虹膜为深褐色，喙为黑色，跗跖为黑色。

【生活习性】栖息于平原草地、湖泊等，以谷物、昆虫、水生植物为食。在山石间或湖泊洞穴中营巢，非繁殖期喜集群活动。

【分布地域】在中国繁殖于东北、内蒙古至青藏高原地区。越冬于东北南部、华北、长江流域及东南沿海地区。

【生存现状】《世界自然保护联盟濒危物种红色名录》无危（LC）。

雌鸟

越冬地的赤麻鸭（福建三明）

雄鸟

雁形目 鸭科

Anas platyrhynchos

绿头鸭

【外形识别】体长 50~60 厘米，雌雄差异很大。雄鸟以具金属光泽的绿色头部、蓝绿色翼镜以及尾上上卷的黑色羽毛为特征。

虹膜为深褐色；雄鸟的喙为明黄色，雌鸟的为黄褐色；跗跖为橘红色。

【生活习性】栖息于淡水湖泊、水库及沿海滩涂。很少潜水，善于在水中觅食，食性杂，但以植物性食物为主食。喜集群活动。

【分布地域】分布于中国大部分地区，是中国最常见的野鸭之一。

【生存现状】《世界自然保护联盟濒危物种红色名录》无危（LC）。

雄鸟

（小贴士）

什么是"半睡半醒"？

鸟类学家研究发现，绿头鸭具有控制部分大脑保持睡眠、部分保持清醒状态的能力（在睡眠时可睁一只眼闭一只眼）。绿头鸭等鸟类所具备的半睡半醒习性，可以帮助它们在睡眠中迅速应对突如其来的危险。

雌鸟

雁形目 鸭科

Anas zonorhyncha

斑嘴鸭

【外形识别】体长 58~63 厘米，雌雄相似。翼镜蓝绿色。以上喙黑色、前端具黄色斑为特征。

虹膜为褐色，喙为黑色且前端呈黄色，跗跖为橘红色。

【生活习性】栖息于淡水湖泊、水库及沿海滩涂。习性与绿头鸭相近。

【分布地域】分布于中国大部分地区，是中国最常见的野鸭之一。

【生存现状】《世界自然保护联盟濒危物种红色名录》无危（LC）。

雁形目 鸭科

Anas falcata

罗纹鸭

【外形识别】体长 46~54 厘米。雄鸟以胸前布满罗纹，有较长的下垂且呈镰刀状的三级飞羽，以及黑色尾下覆羽具黄色三角形斑块为特征，翼镜墨绿色。雌鸟也以胸前布满罗纹，以及有较长的呈镰刀状的三级飞羽为特征。

虹膜为褐色，喙为黑色，跗跖为黑色。

【生活习性】栖息于山地河流、湖泊、水塘、湿地等。以植物性食物为食，会潜水取食。繁殖期尤其喜欢在偏僻、水生植物丰富的中小型湖泊中栖息。

【分布地域】在中国繁殖于东北地区。越冬于黄河下游、长江以南以及东南沿海地区。

【生存现状】《世界自然保护联盟濒危物种红色名录》近危（Near Threatened，NT）。

雄鸟

雌鸟

雁形目 鸭科

Aix galericulata

鸳鸯

【外形识别】体长 40～50 厘米，雌雄差异很大。雄鸟以翼收拢后形成橙黄色帆状饰羽为显著特征，雌鸟以白色眼圈后具一道延长眼纹为特征。

虹膜为褐色；雄鸟的喙为红色，雌鸟的为灰色或粉红色；雄鸟的跗跖为橙黄色，雌鸟的为灰色。

【生活习性】栖息于林旁河流、湖泊、沼泽。食性杂。在天然树洞或石洞中营巢。仅在繁殖期出双入对。

【分布地域】在中国繁殖于东北、华北、西南地区及台湾。越冬于长江流域及以南地区。少数在台湾、云南、贵州等地为留鸟。在北京、杭州等城市公园里常见，并有繁殖记录。

【生存现状】《世界自然保护联盟濒危物种红色名录》无危（LC）；《国家重点保护野生动物名录》二级。

雄鸟

雌鸟

〔小贴士〕

什么是"勇敢跳洞"？

鸳鸯通常是在树洞或山上的石洞里筑巢的。一些雁鸭，如中华秋沙鸭等都有这样的习性。

在成功破壳的 24 小时内，小鸳鸯会在亲鸟的带领和召唤下勇敢地跳出树洞。由于小鸳鸯身体的特殊结构，它们能从非常高的树洞上跳下来而不受到严重的伤害。当然，森林地面上厚厚的树叶也能起到一定的缓冲作用。

央视曾经拍摄过一部纪录片，纪录片中有达里诺尔湖北岸的砧子山上一窝赤麻鸭在百米高的岩洞里筑巢，小赤麻鸭跳出岩洞的片段。

鸳鸯是迁徙鸟类，但在有些地方已成为留鸟。

雁形目 鸭科

Anas formosa

花脸鸭

【外形识别】体长35~42厘米，雌雄差异很大。雄鸟以黄绿金属色及黑白线条拼接效果的花脸为显著特征，翼镜绿色；雌鸟以全身具褐色鳞状斑为特征。

虹膜为褐色，喙为黑色，跗跖为黄灰色。

【生活习性】栖息于湖泊、江河、水库、水塘等淡水或咸水水域。主要以植物性食物为食。

【分布地域】繁殖于整个东西伯利亚地区，越冬于东南亚。在中国迁徙途经东北和华北地区，在华中、华东、华南地区为冬候鸟。

【生存现状】《世界自然保护联盟濒危物种红色名录》无危（LC）；《国家重点保护野生动物名录》二级。

雄鸟

雌鸟

雁形目 鸭科

Netta rufina

赤嘴潜鸭

【外形识别】体长 53~57 厘米，雌雄差异很大。雄鸟以蓬松金色大头及赤喙为显著特征，雌鸟以喙端部橘黄为特征。

雄鸟的虹膜为红色，雌鸟的为褐色；雄鸟的喙为红色，雌鸟的为灰黑色且端部呈橘黄色；雄鸟的跗跖为橙红色，雌鸟的为灰黑色。

【生活习性】栖息于开阔的有水生植物和水较深的淡水湖泊，以及水流较缓的江河、河口地区。潜水觅食，主要以藻类、鱼虾等为食。

【分布地域】在中国繁殖于新疆、内蒙古及青藏高原东部。越冬于西藏南部及西南地区。

【生存现状】《世界自然保护联盟濒危物种红色名录》无危（LC）。

〔小贴士〕

"潜鸭"是什么鸭？

在中国鸭科 60 余种野鸭中，潜鸭属有 10 种，赤嘴潜鸭就是其中一种。

潜鸭的体形较圆，脚的位置偏身体后方，这样的结构不便于潜鸭在陆地上行走，但特别适合潜水。潜鸭起飞时需要在水面进行助跑。

潜鸭的觅食方式主要是潜水取食水草等植物性食物。它也在水不太深的地方，将头伸入水中，或尾朝上扎入水中取食。当然，擅长潜水觅食的野鸭不止潜鸭，与它一样擅长潜水的亲戚也很多，比如主要以鱼类为食的秋沙鸭等。

雄鸟

雌鸟

雁形目 鸭科

Clangula hyemalis

长尾鸭

【外形识别】体长 50~60 厘米，雌雄差异较大。雄鸟以中央尾羽长为显著特征，雌鸟以尾短而尖为特征。不同季节羽色变化很大，雄鸟头部至颈部繁殖羽为棕色，非繁殖羽转换为白色。

雄鸟的虹膜夏季为红色、冬季为褐色，雌鸟的为褐色。雄鸟的喙为黑色，前端为粉红色；雌鸟的为铅灰色，前端为黑色。附跖为灰色。

【生活习性】夏季栖息于草地、矮桦树林及苔原植被区。冬季栖息于沿海浅水区和海湾。极善潜水，可长时间深水下潜取食。

【分布地域】在中国越冬于渤海、黄海和东海等地区。辽东半岛的海湾深处有稳定的越冬种群。

【生存现状】《世界自然保护联盟濒危物种红色名录》易危（VU）。

雄鸟

雌鸟

雁形目 鸭科

Aythya baeri

青头潜鸭

【外形识别】体长 45~47 厘米，雌雄略有差异。雄鸟以青绿色头部、胁部前端白色及白眼为显著特征，雌鸟以喙基部具栗色斑块为特征。

雄鸟的虹膜为白色，雌鸟的为褐色；喙为铅灰色，尖端为黑色；跗跖为铅灰色。

【生活习性】栖息于芦苇和蒲草等水生植物丰富的平原或山区森林地带多水草的小型湖泊、水库。以水草和种子等为主食。

【分布地域】在中国繁殖于东北、华北、华中地区。越冬于西南、华南地区及台湾。

【生存现状】《世界自然保护联盟濒危物种红色名录》极危（Critically Endangered，CR）；《国家重点保护野生动物名录》 级。

雄鸟　　　　　雌鸟

⟨ 小贴士 ⟩

为什么青头潜鸭是极危物种?

青头潜鸭是一种曾广泛分布于东亚地区,但在很长一段时间内未被人类详细了解的迁徙类潜鸭。自20世纪80年代以来,青头潜鸭的种群数量在其分布区急剧减少,但数量减少的原因尚不明确,据称目前全球不足1000只。

2011年,我国长江中下游五省水鸟资源同步调查显示,青头潜鸭仅记录到194只。在2012年世界自然保护联盟所编制的红色名录中,青头潜鸭被列为极危物种。

河北衡水湖国家级自然保护区生境多样,是青头潜鸭生长和繁殖的主要场所之一,也是青头潜鸭迁徙途中的主要中间停歇站和补给站之一。2017年3月8日,国际观鸟专家和衡水学院调查团队在小湖隔堤共发现308只青头潜鸭,这是目前世界上最大的青头潜鸭种群。2020年1月31日,天津滨海新区湿地保护志愿者协会的调查人员在天津滨海新区北大港湿地发现了18只青头潜鸭。从2021年3月开始,2只青头潜鸭在北京圆明园公园停留了一个多月。

雁形目 鸭科

Bucephala clangula

鹊鸭

【外形识别】体长 40~48 厘米，雌雄差异较小。雄鸟以头部墨绿，喙基后具大块椭圆白斑为显著特征。雌鸟头部羽色为棕色，喙基后无白斑。

虹膜为金黄色。雄鸟的喙为黑色；雌鸟的为棕黑色，尖端为黄色。跗跖为橘红色。

【生活习性】栖息于湖泊与流速缓慢的江河水域。极擅长长时间潜水取食。以水生昆虫、软体动物、小鱼等为食。

【分布地域】在中国繁殖于东北地区及新疆。越冬于华北沿海、东南沿海和长江中下游等地区。

【生存现状】《世界自然保护联盟濒危物种红色名录》无危（LC）。

雄鸟

雌鸟

雁形目 鸭科

Mergus squamatus

中华秋沙鸭

【外形识别】体长 52~62 厘米，雌雄差异明显。雄鸟头颈墨绿色，具金属光泽，枕后具长冠羽。雌鸟头颈棕色，具冠羽。雌雄鸟胁部均具清晰的深棕色或黑色鳞状斑纹。

虹膜为褐色；喙为暗红色，喙直长且尖端具钩，基部宽厚；跗跖为橘红色。

【生活习性】习性似普通秋沙鸭。

【分布地域】在中国繁殖于东北北部地区。越冬于长江中下游地区。数量极其稀少，属于濒危动物。

【生存现状】《世界自然保护联盟濒危物种红色名录》濒危（Endangered，EN）；《国家重点保护野生动物名录》一级。

小贴士

中华秋沙鸭有专门的保护区

中华秋沙鸭是一个古老的物种，属于国家一级重点保护野生动物，被列入国际自然资源保护同盟濒危鸟类红皮书和国际鸟类保护委员会濒危鸟类名录。

中华秋沙鸭在中国有两处重要的国家级自然保护区，一处是吉林的长白山保护区，另一处是小兴安岭带岭林区的碧水中华秋沙鸭自然保护区。中华秋沙鸭的越冬地也有保护区，如 2000 年 8 月，江西省弋阳县建立了弋阳县中华秋沙鸭自然保护区。

雌鸟

雄鸟

雁形目 鸭科

Mergus merganser

普通秋沙鸭

【外形识别】体长 58~68 厘米，雌雄差异明显。雄鸟头部墨绿色，具金属光泽且无冠羽。雌鸟头部羽色为棕色，具短冠羽，颏白色。

虹膜为褐色；喙为暗红色，喙直长且尖端具勾，基部宽厚；跗跖为橘红色。

【生活习性】栖息于森林附近的江河、湖泊或高原地区水域。善于潜水取食，以水生动物为食，偶尔吃植物。

【分布地域】在中国繁殖于东北地区、新疆、内蒙古、青海及西藏。越冬于全国大部分地区，除华南少见外，其余地区普遍易见。

【生存现状】《世界自然保护联盟濒危物种红色名录》无危（LC）。

雌鸟

雄鸟

鹃鹧目 鹃鹧科

Tachybaptus ruficollis

小鹃 (pì) 鹧 (tī)

【外形识别】体长 23~28 厘米，雌雄相似。繁殖季头部棕褐色，上下喙基部呈黄白色。

虹膜为黄白色；喙为黑色，喙尖颜色稍浅；跗跖为蓝灰色。

【生活习性】栖息于开阔水域和多水生生物的湖泊、沼泽、水田中。喜鸣叫，善游泳。潜水觅食，以小鱼、虾、昆虫等为食。一遇惊扰，立即潜入水中躲避。

【分布地域】在中国为留鸟或候鸟，分布于全国各地，包括台湾及海南。

【生存现状】《世界自然保护联盟濒危物种红色名录》无危（LC）。

【小贴士】

什么是小䴙䴘"温暖的家"？

小䴙䴘出壳几天后，就会随亲鸟离巢，并且不再回去。但此时的小䴙䴘还远远达不到能够独立生活的程度，在这以后的一些日子里，亲鸟的背就是它们温暖的家了。

鹛䴙目 鹛䴙科

Podiceps cristatus

凤头鹛䴙

【**外形识别**】体长 45~50 厘米，雌雄相似。繁殖季头部具棕褐色冠羽。

虹膜为红色，喙为棕粉色，跗跖为深褐色。

【**生活习性**】大部分习性似小鹛䴙。最具特点和精彩的是繁殖季求偶舞蹈的互献礼物环节——双方相距几米，潜水衔植物跃出水面后，激情踩水互撞胸数秒（见下图）。

【**分布地域**】在中国见于全国各地，在北方地区繁殖，在南方地区越冬。

【**生存现状**】《世界自然保护联盟濒危物种红色名录》无危（LC）。

〔小贴士〕

为什么䴙䴘会吃羽毛？

䴙䴘科的鸟主要以鱼虾和水生昆虫为食，这些水生动物大多都有坚硬的骨骼，很难被鸟类消化，并且可能对肠道造成损害。鸟类学家的研究证实，䴙䴘进化出了利用羽毛来减缓消化过程的技能。它们吞下的羽毛会进入嗉囊，并在那里形成致密的球状物，进而使食物停留足够长的时间，使之能够安全地被液化吸收。最后，没有消化的坚硬部分还会同羽毛形成球状物倒流吐出，就像猛禽吐出由猎物骨头形成的食丸一样。有研究发现，一只䴙䴘一个晚上能吐出多达6个毛球。

刚出生的䴙䴘还不会自己觅食，所以亲鸟在喂鱼虾的同时，也会给孩子们喂羽毛。

鲣鸟目 鸬鹚科

Phalacrocorax carbo

普通鸬（lú）鹚（cí）

【外形识别】体长 75~90 厘米，雌雄相似。体羽黑色，翼铜褐色并具紫绿色金属光泽，冠羽不明显。

虹膜为青绿色，喙为灰黑色，跗跖为黑色。

【生活习性】栖息于河流、湖泊、池塘、水库、河口沼泽地带。常在岩石或枝杆上晾翼。潜水捕捉鱼类为食，捕到鱼后出水吞食，俗称鱼鹰。

【分布地域】在中国南方地区繁殖的种群通常不迁徙；在黄河以北地区繁殖的种群，冬季一般要迁徙到黄河或长江以南地区越冬。

【生存现状】《世界自然保护联盟濒危物种红色名录》无危（LC）。

普通鸬鹚最大的繁殖地在哪里？

青海湖的面积约为 4300 平方千米，它是中国最大的内陆咸水湖，也是国际重要湿地。由于地理和气候环境独特，这里每年都能吸引数以十万计的候鸟来繁衍生息，普通鸬鹚就是其中之一。每年夏季，数以万计的普通鸬鹚都会来到青海湖鸟岛的岩崖上筑窝。尤其是岛前的那块巨石之上，鸬鹚窝一个连一个，俨然就是一座鸟儿的城堡（见下图）。可以说，这里就是普通鸬鹚最大、最理想的繁殖地。

鸻形目 鸥科

Larus ridibundus

红嘴鸥

【外形识别】体长 37~43 厘米，雌雄相似。繁殖季头部具深褐色头罩，以及较窄的白色眼圈。

虹膜为褐色；喙为暗红色，非繁殖季尖端为黑色；跗跖为暗红色。

【生活习性】栖息于平原和丘陵地带的湖泊、河流等各类湿地生境，以及城市湖泊水域。越冬时常集成近百只的大群。主要以小鱼虾、水生昆虫等水生动物为食。

【分布地域】在中国各地常见。主要为冬候鸟，部分为夏候鸟。

【生存现状】《世界自然保护联盟濒危物种红色名录》无危（LC）。

小贴士

中国有多少种鸥？

鸥是鸟类中的一科，全世界有 100 多种鸥，中国有 40 多种鸥。

红嘴鸥数量多，喜集群，在世界上的许多沿海港口、湖泊都可看到。虽然在很多人的眼中，红嘴鸥和海鸥就是同一种物种，但海鸥和红嘴鸥其实相

去甚远；海鸥是鸥亚科属的一种，而红嘴鸥属于燕鸥科。前者体形较大；后者体形较小，且翅膀像燕子的那样窄长，飞行更灵活，速度更快。

不同种类的鸥也有不同的习性，比如很多鸥都有跟随船只飞行的习性，目的就是方便抓捕因船只行进产生的水流而露出水面的鱼类。又如贼鸥，这是一种生性懒惰而又霸道的鸥，它从来不自己垒窝筑巢，却抢占其他鸟类的家，也不自己捕食，而是"不劳而获"，"穷凶极恶"地从其他鸟类口中抢夺食物。下图中贼鸥（右）在抢夺比自己体形还大的西伯利亚银鸥嘴中的鱼。

鸻形目 鸥科

Larus relictus

遗鸥

【外形识别】体长 40~45 厘米，雌雄相似。繁殖季头部具棕黑色头罩及白色宽阔眼圈。

虹膜为褐色；喙为暗红色，非繁殖季色浅；跗跖为暗红色。

【生活习性】栖息于岛屿、海岸沙滩、岩礁及邻近的湖泊。以水生无脊椎动物为食。

【分布地域】在中国繁殖于新疆、陕西、内蒙古和河北。集中于渤海湾越冬。

【生存现状】《世界自然保护联盟濒危物种红色名录》易危（VU）；《国家重点保护野生动物名录》一级。

什么是遗鸥？

1931 年，遗鸥被发现，但它直到 1971 年才以独立的物种的形式面对世人。它的学名 *Larus relictus* 的含义就是"遗落之鸥"。

1990 年，由中国鸟类学者组成的考察队，在内蒙古阿拉海子的湖心岛上发现了庞大的遗鸥巢群，进而揭开了研究这一神秘鸟种的序幕。随着研究的深入，研究人员于 2007 年发现，有万余只成鸟遗鸥在陕西榆林的红碱淖繁殖，产卵 5036 巢。随着环境的改变，遗鸥的数量开始减少。那么遗鸥去哪儿了呢？2014 年 4 月，北京学者在河北康保康巴诺尔湖国家湿地公园的湖心岛，意外地发现了遗鸥近 3000 只，占当时全世界已知遗鸥种群数量的约 1/4。2017 年，约有 6500 只遗鸥在康巴诺尔湖国家湿地公园繁殖，这也使得康巴诺尔湖国家湿地公园成为全球最大的遗鸥栖息地与繁殖地。

鸻形目 鸥科

Larus crassirostris

黑尾鸥

【外形识别】体长 44~48 厘米,雌雄相似。成鸟背翅深灰色,头颈、胸腹白色,黑色初级飞羽具小白斑,黑色尾羽具白边。幼鸟体羽深褐色,喙粉色,端黑,跗跖粉色。

虹膜为黄色;喙为黄色,红色喙尖后具黑色环带;跗跖为黄色。

【生活习性】栖息于沿海海岸沙滩、岩礁及邻近的湖泊、河流和沼泽地带。主要在海面上捕食表层鱼类。

【分布地域】在中国繁殖于东部和南部沿海地区的岛屿,通常不进入内陆。

【生存现状】《世界自然保护联盟濒危物种红色名录》无危（LC）。

鸻形目 鸥科

Hydroprogne caspia

红嘴巨燕鸥

【外形识别】体长 48~55 厘米，雌雄相似。为大型灰白色燕鸥，以巨大鲜明的红色大喙为特征。幼鸟的枕部、喙及跗跖的颜色都与成鸟相同，但颜色较浅。

虹膜为黑色；喙为红色，末端为黑色；跗跖为黑色。

【生活习性】栖息于海岸沙滩、沿海岛屿、平原河口和荒漠湖泊。以小鱼为食。在水面上空盘旋或悬停观察，然后突然落下扎入水中捕食。

【分布地域】在中国繁殖于东北和华东地区，越冬于南方地区。

【生存现状】《世界自然保护联盟濒危物种红色名录》无危（LC）。

{小贴士}

不会捕食也要迁徙

红嘴巨鸥是大型水鸟，在秋天的迁徙季到来时，幼鸟已经具备较好的飞行能力，并能够跟随亲鸟踏上迁徙之旅。但是，此时红嘴巨鸥幼鸟的捕食能力还很差，在迁徙途中从早到晚乞食叫声不断，得靠亲鸟抓鱼哺喂才能到达越冬地（见右上图、中图）。

鸟类的迁徙之路总是险阻重重，红嘴巨鸥们不但要经历狂风暴雨、气温突变等恶劣环境的考验，还要提防天敌、"强盗"。弱肉强食、以大欺小、恃强凌弱是自然界的法则。虽然红嘴巨鸥在燕鸥中是大型鸟，但在迁徙驿站的湖畔喂幼鸟吃鱼时，也会遭到体形更大的西伯利亚银鸥的抢掠（见右下图）。

竞走健将

陆禽

藏马鸡（学名：*Crossoptilon harmani*）

陆禽包括鸡形目和鸽形目，它们擅长在陆地上活动。其特点是后肢粗壮有力，喙部短粗且强壮，适合在地面行走，刨土啄食，可以短距离飞行。常见的鸡形目鸟类有雉鸡、鹌鹑。而鸽形目的斑鸠和鸽虽然善于飞行，但其喙和后肢与鸡形目的鸟相似，而且主要在地面取食，因此也被归于陆禽。

陆禽栖息的环境通常少水，而且它们的水性也比较差，所以有土浴（在沙土中洗澡）的习性。同时为了安全，大多陆禽夜晚是在树上休息的。

我国境内的陆禽众多，特别是鸡形目雉科的鸟类。据调查，在我国西南地区，分布了世界上近1/3的雉科鸟类，其中还有很多是中国的特有物种，所以我国也被称为"雉类王国"。

鸡形目 雉科

Lyrurus tetrix

黑琴鸡

【外形识别】体长 45~55 厘米，雌雄差异很大。雄鸟几乎通体黑色，羽毛有金属光泽，翅上具白色斑，尾呈叉状。雄鸟尾羽长而向外弯曲，张开时与西洋古琴的形状十分相似，故被称为"黑琴鸡"。

虹膜为深褐色，喙为黑色，跗跖为黑褐色。雌鸟的羽色却一点都不黑。

【生活习性】是栖息于落叶松混交林的林栖鸟类，为留鸟。善于在地上奔跑及较短距离的飞行。警觉性不强，春季求偶炫耀打斗时更是如此。

【分布地域】在中国分布于东北地区、内蒙古和新疆。

【生存现状】《世界自然保护联盟濒危物种红色名录》无危（LC）；《国家重点保护野生动物名录》一级。

小贴士

什么是"战斗鸡"？

雄性黑琴鸡一般在 4 月初开始发情，会在开阔的地方进行表演和争斗，以求吸引雌性，这些地方也被称作"斗鸡场"。表演时的黑琴鸡虽然看起来十分笨拙，实际上爆发力极强，争斗也十分激烈。

一个斗鸡场中，通常会有数只雄鸟聚集于雌鸟前，将白色的尾下覆羽呈扇形竖起，鼓起红色的冠状肉瘤，咕咕叫着跑圈、振翅跳跃和短距离飞跃，这些都是它们的求偶炫耀伎俩。

事实上，雄类鸟在繁殖季节都有求偶炫耀舞蹈，只是黑琴鸡的舞蹈太过直接，并以打斗的形式论胜负，败者没有交配权，因此被称为"战斗鸡"。

雄鸟

雌鸟

鸡形目 雉科

Alectoris chukar

石鸡

【外形识别】体长30~37厘米，雌雄相似。

虹膜为褐色，喙为红色，跗跖为红色。

【生活习性】栖息于平原、草原、荒漠等地区，尤其喜欢集群在低山丘陵地带的岩石坡和沙石坡生境中。上山喜欢攀爬，动作麻利；下山展翅飞降，动作轻盈。

【分布地域】在中国分布于东北、西北以及华北等地区。

【生存现状】《世界自然保护联盟濒危物种红色名录》无危（LC）。

小贴士

什么是"嘎嘎鸡"？

石鸡性情胆小敏感，不易接近，但它又特别爱鸣叫，所以俗称"嘎嘎鸡"。别小看胖墩墩、圆乎乎的石鸡，它们爬起山来那真是飞檐走壁、如履平地。

图中的小石鸡们虽然羽毛还未丰满，但在亲鸟的带领下，可以在一天之内来往于山上居住地和山下觅食地。

石鸡属的鸟在中国有两种，另一种是大石鸡，样子和石鸡非常相像，主要不同的地方，是脖子上那道黑线外缘另有一界限不太清晰的栗色轮廓。大石鸡是中国特有种，仅见于青海、宁夏和甘肃。

鸡形目 雉科

Tetraogallus tibetanus

藏雪鸡

【外形识别】体长 50~62 厘米，雌雄相似，体羽以灰白两色为主，腹部白色具黑色纵纹。

虹膜为深褐色，喙为橘黄色或黄色，跗跖为橘红色。

【生活习性】栖息于海拔 3000 米以上的高原草甸，冬季下迁至较低海拔。

【分布地域】在中国分布于新疆、西藏、青海和甘肃，属于少见留鸟。

【生存现状】《世界自然保护联盟濒危物种红色名录》无危（LC）；《国家重点保护野生动物名录》二级。

〔 小贴士 〕

在哪里容易看到藏雪鸡？

藏雪鸡是典型的高原鸟类，在高海拔地区才能见到。在西藏拉萨附近的雄色寺，从海拔 4200 米的地方爬上 4500 米处，就容易看到藏雪鸡，而且那里的藏雪鸡不怎么怕人。

鸡形目 雉科

Perdix dauurica

斑翅山鹑 (chún)

【外形识别】体长 25~30 厘米，雌雄体形相似，羽色有别。雄鸟头部及胸腹部橘黄色，腹部具黑色蹄状大斑。雌鸟腹部的黑斑不明显或缺失。

虹膜为深褐色，喙为黑色，跗跖为黑色。

【生活习性】栖息于草地灌丛，喜开阔地貌。冬季集大群。

【分布地域】在中国分布于东北、西北及华北地区，为不常见留鸟。

【生存现状】《世界自然保护联盟濒危物种红色名录》无危（LC）。

小贴士

鸟类为什么喜欢集群?

鸟类集群既有利于降低被天敌捕杀的概率,又能够提高取食效率。集群形成的庞大互利群体,还可以提高内部物种存活率。相对而言,在开阔、容易暴露的环境中生活的鸟类更喜欢集群活动。

斑翅山鹑就是经常集群活动的鸟类。有趣的是,它们的群体内部分工明确,常常会有一只"望风"的同伴来观察是否有天敌靠近,这也是自然界中集群活动的普遍法则之一。

鸡形目 雉科

Perdix hodgsoniae

高原山鹑

【外形识别】体长 22~29 厘米，雌雄相似。头顶深棕色，具白色斑点，眼下方至喉具黑色长斑块。

虹膜为深褐色，喙为角质色，跗跖为灰黄色。

【生活习性】栖息于海拔 2500~5000 米的高山草甸、裸岩灌丛中。喜集小群活动。

【分布地域】在中国分布于西北、西南高原地区。

【生存现状】《世界自然保护联盟濒危物种红色名录》无危（LC）。

鸡形目 雉科

Coturnix japonica

鹌(ān)鹑

【外形识别】体长15~20厘米，雌雄相似，是中国最小的常见雉科鸟。

虹膜为深褐色，喙为灰色，跗跖为红褐色。

【生活习性】栖息于平原草地、低山灌丛、开阔农田。遇到危险会潜伏在草丛中，干扰距离太近时才会突然起飞，进行短距离低空飞行后便降落。令人想不到的是，不善于飞行的鹌鹑却是迁徙鸟类。

【分布地域】广泛分布于我国东部地区，繁殖于东北和华北地区，越冬于长江以南地区。

【生存现状】《世界自然保护联盟濒危物种红色名录》近危（NT）。

〖 小贴士 〗

不善飞行的候鸟

很多人都想不到，小巧又不善飞行的鹌鹑属的鸟类居然是候鸟。在平常的生活中，它们经常成对活动，只有在迁徙的时候才会大量地聚集。

鹌鹑是雉科中一种迁徙能力相对较弱的鸟类，因为其羽翼短，不能高飞、久飞，而且往往昼伏夜出，喜欢在夜间迁徙群飞，所以通常很难看到鹌鹑飞行。

中国有两种鹌鹑：一种是鹌鹑，繁殖于东北和华北地区，越冬于长江以南地区；另一种是西鹌鹑，繁殖于新疆各地，越冬于西藏南部。有研究表明，鹌鹑具有趋温暖习性，它们迁徙就是为了去更温暖的地方生活。鹌鹑的迁飞距离为 400 ～ 1000 千米。

鸡形目 雉科

Arborophila rufogularis

红喉山鹧 (zhè) 鸪 (gū)

【外形识别】体长 25~29 厘米，雌雄相似，但雌鸟整体颜色偏浅。

虹膜为深褐色，喙为蓝灰色，跗跖为玫红色。

【生活习性】栖息于临近溪流的低山丘陵的常绿阔叶林及针叶林，集小群活动。

【分布地域】在中国分布于西藏南部、云南西南部。

【生存现状】《世界自然保护联盟濒危物种红色名录》无危（LC）；《国家重点保护野生动物名录》二级。

【小贴士】

中国有几种山鹧鸪？

山鹧鸪属是雉科中的一个属，全球有 20 种山鹧鸪，中国有红喉山鹧鸪、环颈山鹧鸪、白颊山鹧鸪、台湾山鹧鸪、红胸山鹧鸪、褐胸山鹧鸪、四川山鹧鸪、白眉山鹧鸪、海南山鹧鸪和绿脚山鹧鸪共 10 种，这 10 种山鹧鸪全都是国家一级或二级重点保护野生动物。

山鹧鸪是地栖鸟类，栖息在热带、亚热带的低山丘陵和海拔 3000 米以下的常绿阔叶林、针叶林，以及林缘植被丰富的溪谷与河流两岸的常绿森林。它们通常在茂密的丛林中成对活动，也喜集小群行动。

鸡形目 雉科

Bambusicola thoracicus

灰胸竹鸡

【外形识别】体长 27~36 厘米，为中国特有种。虹膜为深褐色，喙为灰色，跗跖为黄灰色。

【生活习性】栖息于低山丘陵的灌丛、竹林中。

【分布地域】仅分布于华南、西南和陕西。

【生存现状】《世界自然保护联盟濒危物种红色名录》无危（LC）。

┌ 小贴士 ┐

中国有几种竹鸡？

竹鸡属是雉科的一个属，中国有棕胸竹鸡、灰胸竹鸡和台湾竹鸡 3 种。灰胸竹鸡为中国特产鸟类，仅分布于华南、西南和陕西，俗名竹鹧鸪，主要栖息于低山丘陵的灌丛、竹林以及草丛。它们十分喜爱集群活动，爱鸣叫，叫声似"逗你玩、逗你玩"，特征辨识度非常高。

鸡形目 雉科

Ithaginis cruentus

血雉 (zhì)

【外形识别】体长 37~47 厘米，雌雄差异很大。因雄鸟的大覆羽、尾上下覆羽、脚、头侧、眼周、蜡膜为血红色，故称血雉。共有 12 个亚种，在中国均有分布，不同亚种羽色差异较大。

虹膜为深褐色，喙为黑色，跗跖为红色。雌鸟见左下图。

【生活习性】常栖息于海拔 1700~3500 米的高山针叶林、混交林及灌丛。

【分布地域】主要分布于中国，为西部和西南部留鸟，见于西藏、四川、云南、甘肃、青海、陕西等地。

【生存现状】《世界自然保护联盟濒危物种红色名录》无危（LC）；《国家重点保护野生动物名录》二级。

四川亚种

雌鸟

甘肃亚种

秦岭亚种

雄鸟

西藏亚种

鸡形目 雉科

Tragopan temminckii

红腹角雉

【**外形识别**】体长 45~55 厘米，雌雄差异很大，为中国特有种。雄鸟羽色艳丽，蓝脸，腹部多白色斑点。

虹膜为深褐色，喙为灰黑色，跗跖为粉褐色。雌鸟见下图。

【**生活习性**】栖息于海拔 1000~3500 米的山地森林、灌丛、竹林中等。

【**分布地域**】在中国分布于陕西、湖北、湖南、重庆、四川、贵州、广西、云南和西藏。

【**生存现状**】《世界自然保护联盟濒危物种红色名录》无危（LC）；《国家重点保护野生动物名录》二级。

雌鸟

什么是"长角的鸡"?

中国有黑头角雉、红胸角雉、灰腹角雉、红腹角雉和黄腹角雉 5 种角雉。它们之所以叫角雉，是因为它们的羽冠两侧长着一对平常隐藏着，只有在春天求偶时才显露的肉质角。此外，它们的颏部（下巴）还生有求偶时才会膨胀的肉垂。

几种角雉的肉质角、肉垂的样子和颜色各异，比如在繁殖季节，红腹角雉的钻蓝色的肉质角和肉垂会膨胀起来，用来炫耀以吸引雌鸟。据说红腹角雉膨胀的肉垂很像草书的"寿"字，所以人们又称它们为"寿鸡"，将它们视为长寿和好运的象征。

当然，肉垂不只有角雉类才有，这个动物学的术语常常被用来指鸟类额部垂下来的肉，比如家养的大公鸡的额下也有肉垂。

雄鸟

鸡形目 雉科

Gallus gallus

红原鸡

【外形识别】雄性体长 54~70 厘米，雌性体长 42~48 厘米，雌雄差异很大。红原鸡是家鸡的祖先。雄鸟的肉冠、肉垂和脸均为红色，具长长的尾羽。雌鸟见下图。

虹膜为黄褐色，喙为铅灰色，跗跖为灰褐色。

【生活习性】栖息于海拔 2000 米以下的低山森林、山脚林缘的灌丛草坡。

【分布地域】在中国分布于云南、广西、广东和海南等地。

【生存现状】《世界自然保护联盟濒危物种红色名录》无危（LC）；《国家重点保护野生动物名录》二级。

雌鸟

小贴士

哪里的红原鸡是家鸡的祖先？

《科技日报》于 2020 年 7 月 5 日报道，为系统性地解析家鸡的起源和驯化这一基本问题，昆明动物研究所联合中国农业科学院等的国内外研究人员，经过多年的努力，获得了 5 个全部红原鸡亚种的基因组数据，以及分布于东南亚、南亚、中东、东亚、欧洲等地区家鸡的全基因组数据，通过大量的群体遗传学分析，发现家鸡并不是此前认为的多地独立起源，印度和中国北方地区也并非家鸡的起源地。科研组解析所有基因组数据后发现，在 3300 到 9500 年前，家鸡正式从滇南亚种原鸡中分化出来。目前这个亚种主要分布在中国西南、泰国北部、缅甸等地区，说明该地区很可能就是家鸡的驯化中心。

研究发表在国际期刊《细胞研究》上。同时，《科学》杂志发表点评文章，系统介绍了基因组数据追踪达尔文以来关于家鸡驯化争论的这一研究成果。

雄鸟

鸡形目 雉科

Pucrasia macrolopha

勺鸡

【外形识别】体长 40~60 厘米，雌雄差异很大。雄鸟头顶棕褐色，具较长冠羽。

虹膜为深褐色，喙为铅灰色，跗跖为褐色。雌鸟见下图。

【生活习性】栖息于海拔 1000~3000 米的多岩山地的阔叶林、混交林、密生灌丛。

【分布地域】在中国分布于华北、华南、西南地区及喜马拉雅山区，虽分布广，但行动隐蔽而不易见。

【生存现状】《世界自然保护联盟濒危物种红色名录》无危（LC）；《国家重点保护野生动物名录》二级。

雌鸟

小贴士

什么是"山鸭子"？

勺鸡是一种非常美丽的鸟类，头顶有棕褐色和黑色的羽冠，这些漂亮的羽冠往往作为炫耀和求偶的工具。

雄性勺鸡在清晨和傍晚时喜欢鸣叫，叫声很大而沙哑难听，很像乌鸦的叫声。四川等地区的人们认为，山中勺鸡的叫声非常像鸭子的叫声，所以勺鸡又被称为"山鸭子"。

雄鸟

鸡形目 雉科

Lophophorus impejanus

棕尾虹雉

【外形识别】体长 70~75 厘米，雌雄差异很大。又名九色鸟，是雉科 3 种虹雉中，唯一具有一簇蓝绿色超长羽冠、色彩绚丽的一种。

虹膜为深褐色，喙为黑色，跗跖为灰褐色。雌鸟见下图。

【生活习性】典型的高山雉类，栖息于海拔 2500~4500 米的高山针叶林、高山草甸灌丛。

【分布地域】在中国分布于西藏南部和东南部，局部地区常见。

【生存现状】《世界自然保护联盟濒危物种红色名录》无危（LC）；《国家重点保护野生动物名录》一级。

雌鸟

〔 小贴士 〕

什么是"九色鸟"？

棕尾虹雉是 3 种虹雉中最美丽的一种，它们色彩绚丽，头顶有一簇美丽的蓝绿色羽冠，又名九色鸟。

棕尾虹雉广泛分布于阿富汗东部、巴基斯坦、尼泊尔、不丹、印度东北部和缅甸北部等地，而在中国仅分布于西藏南部和东南部，而且数量稀少。但该鸟不甚怕人，所以在局部地区常见。

雄鸟

鸡形目 雉科

Lophura nycthemera

白鹇（xián）

【外形识别】体长 90~120 厘米，雌雄差异很大。雄鸟体羽以白黑两色为主。

虹膜为褐色，喙为黄色，跗跖为玫红色。雌鸟见下图。

【生活习性】栖息于海拔 2000 米以下的亚热带常绿阔叶林中，尤喜林下植物稀疏的近水沟谷雨林。

【分布地域】在中国分布于贵州、云南、四川、湖南、广东、广西、浙江、安徽、福建、江西、湖北、海南等地。

【生存现状】《世界自然保护联盟濒危物种红色名录》无危（LC）；《国家重点保护野生动物名录》二级。

雌鸟　雄鸟

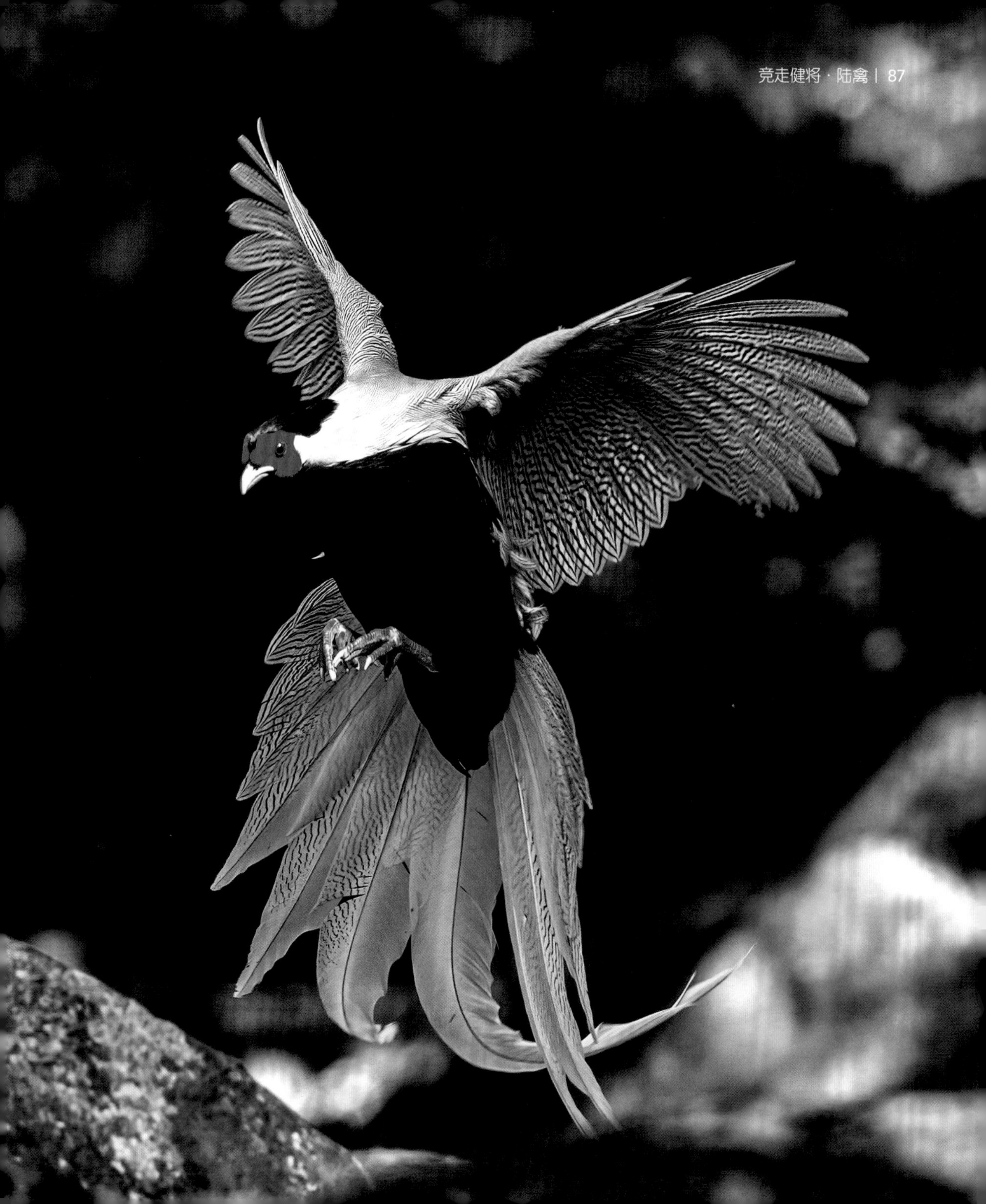

鸡形目 雉科

Crossoptilon mantchuricum

褐马鸡

【外形识别】体长 90~100 厘米，雌雄相似，体羽多褐色，具较长白色耳羽簇，为中国特有种。

虹膜为红褐色，喙为角质色，跗跖为粉红色。

【生活习性】栖息于海拔 1200~2400 米的低山森林的针阔混交林中。

【分布地域】在中国仅分布于山西、河北西北部，以及北京东灵山和陕西黄龙山。

【生存现状】《世界自然保护联盟濒危物种红色名录》易危（VU）；《国家重点保护野生动物名录》一级。

小贴士

什么是"马鸡"？

马鸡是雉科中体形较大的一类鸟，中国有4种马鸡。这类鸟由于中央尾羽大而披散下垂，犹如马尾，所以被称为马鸡。马鸡多分布在中国西南地区，只有褐马鸡分布于山西、河北和北京等地的山林中，是中国的特有种。

褐马鸡是马鸡中最为名贵的种类。褐马鸡的雄鸟在每年的繁殖期都要为争夺雌鸟而发生激烈的争斗，甚至有时会达到至死方休的地步。所以，从战国时起到清末，历代帝王都用褐马鸡的尾羽装饰武将的帽盔，称其为"冠"，用以激励将士。

鸡形目 雉科

Crossoptilon auritum

蓝马鸡

【外形识别】体长 80~100 厘米，雌雄相似。喜集群生活，为中国特有种。

虹膜为红褐色，喙为角质粉色，跗跖为珊瑚红色。

【生活习性】栖息于海拔 2000~3000 米的高山和亚高山森林及灌丛。

【分布地域】在中国仅分布于青海东部、甘肃南部、祁连山、贺兰山及四川北部。

【生存现状】《世界自然保护联盟濒危物种红色名录》无危（LC）；《国家重点保护野生动物名录》二级。

鸡形目 雉科

Syrmaticus reevesii

白冠长尾雉

【外形识别】雄鸟体长140~190厘米，雌鸟体长60~70厘米，雌雄差异很大。为中国特有种，以雄鸟的超长尾羽——雉翎而著称。雌鸟见下图。

虹膜为深褐色，喙为角质色，跗跖为灰褐色。

【生活习性】栖息于海拔400~1500米的山地森林中。

【分布地域】在中国分布于河南、河北、陕西、山西、湖北、湖南、贵州、安徽等地。

【生存现状】《世界自然保护联盟濒危物种红色名录》易危（VU）；《国家重点保护野生动物名录》一级。

雌鸟

小贴士

什么是"雉翎"?

白冠长尾雉是尾羽最长的鸟类之一，在繁殖季，雄性白冠长尾雉的尾羽最长可以达到 1.5 米。不过一旦繁殖季过了，白冠长尾雉的尾羽就会脱落，直到下一个繁殖季才会长出。

长尾雉的尾羽又被称为"雉翎"，亦称翎子，常被用作京剧的一种行头（道具）。京剧中的文职官员一般不插翎子。插翎子的有以下几种人物：英武的将帅，如吕布、杨宗保、穆桂英、窦尔敦；神话戏中的神将、妖魔，如孙悟空、白骨精等，他们都是插两根翎子。只插一根翎子的角色往往为负面角色，如刽子手等。

雄鸟

鸡形目 雉科

Phasianus colchicus

雉鸡

【外形识别】雄鸟体长 80~100 厘米，雌鸟体长 58~65 厘米。雄鸟颈部多为金属绿色，有些亚种有白色颈环，又因其羽毛七彩斑斓，俗称七彩山鸡。雌鸟见下图。

雄鸟的虹膜为黄色，雌鸟的为红褐色；喙为角质色，跗跖为灰褐色。

【生活习性】栖息于低山丘陵、平原及农田。

【分布地域】在中国分布于大部分地区，较为常见。

【生存现状】《世界自然保护联盟濒危物种红色名录》无危（LC）。

雌鸟

"野鸡"是什么鸡？

雉鸡就是大众通常所说的野鸡，我国雉鸡的亚种有 19 个。多数亚种的颈部都有完整或不完整的白环，少数亚种的颈部没有白环。不同亚种体表的羽毛细节差别甚大。东部亚种的下背及腰部呈浅灰绿色，有的胸部为绿色而非紫色。西部诸亚种的翅上覆羽呈白色，下背及腰部为栗色，并具不完整的白色颈环。

雄鸟

鸡形目 雉科

Chrysolophus pictus

红腹锦鸡

【外形识别】体长 85~100 厘米，雌雄差异很大。雄鸟的头顶有金黄色丝状羽冠，后颈缀有橙色黑边的扇状羽。雌鸟见下图。全身有红、绿、蓝、黑等多种颜色，五彩斑斓、光彩夺目。为中国特有种。

雄鸟的虹膜为黄色，雌鸟的为褐色；喙为黄色，跗跖为黄色。

【生活习性】栖息于海拔 500~2500 米的阔叶林、针阔混交林和林缘疏林灌丛地带。

【分布地域】在中国分布于四川、贵州、甘肃及秦岭等地区。

【生存现状】《世界自然保护联盟濒危物种红色名录》无危（LC）；《国家重点保护野生动物名录》二级。

雌鸟

什么是"金鸡"?

红腹锦鸡分布在我国华中、西北、西南的山地森林里，羽毛绚丽多彩，由于头顶和背部有金色羽毛，故被称为金鸡。2001 年，在第 21 届世界大学生运动会开幕式上，各国（地区）运动员入场式的引导牌上首次绘制了代表该国（地区）禽鸟的美丽图案。由于我国没有确立国鸟，为此在开幕式前，中国鸟类学会等单位反复讨论，最终选择使用红腹锦鸡的图案。

在 2008 年 3 月 3 日举行的《中国鸟》邮票首发式上，中国动物学会的鸟类专家曾提议将红腹锦鸡定为国鸟。虽然最后没有确定，但由于我国的版图就像一只大公鸡，而中国又是世界上雉鸡类鸟最丰富的国家，所以在很多鸟类爱好者眼中，红腹锦鸡就是我国的鸟类代表性物种。

雄鸟

鸡形目 松鸡科

Tetrastes bonasia

花尾榛（zhēn）鸡

【外形识别】体长 34~40 厘米，雌雄相似。雄鸟的颏和喉为黑色，雌鸟的为浅棕色。

虹膜为褐色，喙为黑色，跗跖为灰色，被羽。

【生活习性】通常栖息在林下植被繁茂、浆果丰富的针叶林里。多集小群活动。

【分布地域】在中国分布于东北北部、新疆北部和内蒙古东北部地区，为留鸟。

【生存现状】《世界自然保护联盟濒危物种红色名录》无危（LC）；《国家重点保护野生动物名录》二级。

雌鸟

（小贴士）

什么是"飞龙"？

花尾榛鸡曾是松鸡科鸟类中分布最广、最为常见的一个种，亚种众多。它的满语谐音为"飞龙"的鸟类，曾经是东北地区主要的狩猎鸟类。从清朝乾隆年间开始，它作为岁贡鸟，被进贡给皇帝作为御膳的食材。但由于森林砍伐和过度狩猎，在 20 世纪 70 ~ 80 年代，我国几个主要产地的花尾榛鸡的数量急剧减少，人群相对密集区域的花尾榛鸡已经濒临灭绝。

不过随着近年来野生动物保护力度的加大，花尾榛鸡种群有望得到长足增长。

雄鸟

鸽形目 鸠鸽科

Spilopelia chinensis

珠颈斑鸠（jiū）

【外形识别】体长30~33厘米，雌雄相似。和鸽子体形相似，俗称"野鸽子"。典型特征为颈部两侧为黑色，并密布许多像珍珠一样的白色斑点，因此得名珠颈斑鸠。

虹膜为橘红色，喙为黑色，跗跖为玫红色。

【生活习性】栖息于长有稀疏树木的丘陵、平原、草地和城市公园。不甚怕人，偶尔会选择在阳台营巢繁育。

【分布地域】在中国分布广泛，是东部和南部最为常见的野生斑鸠之一。

【生存现状】《世界自然保护联盟濒危物种红色名录》无危（LC）。

小贴士

鸟类不同的鸣叫声有特定含义

鸟类不同的鸣叫声所表达的含义是不同的。珠颈斑鸠就是如此，它们叫声浑厚，声音很大，在遇到天敌进行驱赶时，往往只单鸣一声，但在求偶时，就常常发出2～3声音律不同的鸣叫。

这种情况不仅出现在珠颈斑鸠上，各种鸟类都有这种行为。鸣叫声对于鸟类而言，不但意味着驱赶、求偶，常常还起到在群体内部以及不同鸟种间识别、交流的作用。比如，森林中一种林鸟先发现了天敌雀鹰而鸣叫报警，会得到林中所有鸟的避险动作行为响应。

鸽形目 鸠鸽科

Chalcophaps indica

绿翅金鸠

【外形识别】体长 22~24 厘米，雌雄相似，为小型鸠鸽。典型特征为翠绿色翅羽，具金色光辉。雄鸟灰头具白色眉纹，雌鸟的白色眉纹不明显。

虹膜为深褐色，喙为红色，跗跖为红褐色。

【生活习性】栖息于森林下层植被茂密处。习性与鸠鸽类鸟相似。多单独或成对活动，不集群。

【分布地域】在中国分布于西南、华南地区和台湾，为南方地区区域性常见鸟。

【生存现状】《世界自然保护联盟濒危物种红色名录》无危（LC）。

雄鸟

雌鸟

鸽形目 鸠鸽科

Columba hodgsonii

点斑林鸽

【外形识别】体长35~38厘米，雌雄相似。雄鸟头颈灰色，颈侧、颈后具葡萄紫色斑纹；中覆羽为葡萄紫色，具白色斑点。

虹膜为淡黄色或灰白色，喙为黑色，跗跖为黑褐色。

【生活习性】主要栖息于山地混交林和针叶林中，喜欢在乔木的树冠层活动。常集小群，为留鸟。

【分布地域】在中国分布于甘肃、陕西、四川、云南和西藏南部。

【生存现状】《世界自然保护联盟濒危物种红色名录》无危（LC）。

沙鸡目 沙鸡科

Syrrhaptes paradoxus

毛腿沙鸡

【外形识别】体长 40~43 厘米，雌雄相似。典型特征为喙小，脚小被羽，中心尾羽极细且长。雄鸟头部羽色更鲜艳。虹膜为深褐色，喙为灰蓝色，跗跖为灰蓝色，被羽。

【生活习性】栖息于平原草地、荒漠和半荒漠地区，常成群游荡，秋冬季可集成数百只大群。主要以各种野生植物的种子等为食。

【分布地域】在中国分布于西北、东北地区，以及河北、山东。

【生存现状】《世界自然保护联盟濒危物种红色名录》无危（LC）。

小贴士

什么是拟态现象？

拟态现象是指一种生物在形态、行为等特征上模拟另一种生物，从而使一方或双方受益的生态适应现象。在荒漠、海洋等遮挡隐蔽物极少的环境中，拟态现象更为突出和重要。

毛腿沙鸡雏鸟的羽毛颜色和花纹酷似砂石地貌，尤其在羽毛未丰还不能飞行时，拟态就是它们保护自身的主要手段。当危险来临，它们会一动不动让自己与环境融为一体，进而规避危险，见右上图。

雌鸟

雄鸟

空中霸主

猛禽

毛脚鵟（学名：*Buteo lagopus*）

猛禽包括鹰形目、隼形目、鸮形目，均为掠食性鸟类。在生态系统中，虽然猛禽的个体数量与其他类群相比较少，但是它们处于食物链的顶层，被称作空中霸主，具有重要的生态意义。鹰形目和隼形目的猛禽在白天活动，绝大多数鸮形目的猛禽（俗称猫头鹰）在夜间活动。

猛禽多为单独活动，飞行能力强，是视力和听力最好的动物之一。鹰形目的猛禽在猛禽中数量最多，也比较复杂，如鹰、雕、鹞、鵟和鹫。此类猛禽体形和习性各不相同，有大型的，也有小型的；有食兽类的，也有食腐肉的；有食鸟类的，也有食鱼类的；有食爬行动物的，也有食昆虫的。隼形目的猛禽就没有鹰形目那么复杂，它们个头普遍较小，但飞行速度快，技术高超，常常在空中捕食，甚至在空中进食。它们主要以鼠类、鸟类、昆虫为食，也吃蛙、蜥蜴、松鼠、蛇等。鸮形目的猛禽主要以鼠类为食，昆虫和爬行动物也在它们的食谱中，大型鸮也捕捉兽类和鸟类，渔鸮则以鱼类为食。

全世界有440余种猛禽，中国有近百种，并且全都是国家二级及以上重点保护野生动物。

鹰形目 鹗科

Pandion haliaetus

鹗（è）

【外形识别】体长 56~63 厘米，雌雄相似。头及翼至腹部白色，具黑色贯眼纹。上体暗褐色，具深褐色的胸带。

虹膜为黄色，喙为黑色，跗跖为灰色。

【生活习性】栖息于水域附近，以捕鱼为生。捕猎时在空中缓慢盘旋或悬停观察，发现猎物后会俯冲扎入水中，将外趾向后转形成对趾来抓鱼，并随即起飞携带鱼飞行，找到安全的地方进食。

【分布地域】分布于中国大部分地区。在东北地区和西部为夏候鸟，在其他地区为旅鸟或留鸟。

【生存现状】《世界自然保护联盟濒危物种红色名录》无危（LC）；《国家重点保护野生动物名录》二级。

⸨小贴士⸩

什么是鱼鹰？

鹗，通常被称为鱼鹰，是大名鼎鼎的抓鱼高手。鹗抓鱼的过程极快（见右组图），是世界上唯一一类可以全身扎入水中的猛禽。如果猎物向深水区逃走，鹗还会继续潜水，水面上只留下两个翼尖，有时甚至可以潜得更深。

鹗的脚趾很长，前后各有两个脚趾，表面呈鳞状，这样的独特结构使它们能够牢牢抓住湿滑的鱼。一旦抓鱼升空，聪明的鹗还先会抖净身上的水，然后将双脚前后放置，使鱼头朝前，以便减少阻力，便于飞行。

鹰形目 鹰科

Aviceda leuphotes

黑冠鹃（juān）隼（sǔn）

【外形识别】体长 28～35 厘米，雌雄相似。显著特征为呈黑白两色，头顶具黑色羽冠，翅膀宽大，腹部具棕色横纹。虽名为黑冠鹃隼，但实际上属于鹰科。

虹膜为紫红色，喙为铅灰色，跗跖为黑色。

【生活习性】栖息于低山丘陵的森林和林缘地带。主要以昆虫为食。

【分布地域】在中国分布于长江流域及以南地区，为候鸟或留鸟。

【生存现状】《世界自然保护联盟濒危物种红色名录》无危（LC）；《国家重点保护野生动物名录》二级。

小贴士

什么是羽冠？

自然界中绝大多数鸟类都有明显或不明显的羽冠，也就是鸟类头顶立起或散开的羽毛。这些羽毛不仅是求偶的工具，还可以用来区分雌雄，甚至还能表达"心情"。

黑冠鹃隼就是用羽冠命名的，因为它有一束翘立起来的黑色"呆毛"。

鹰形目 鹰科

Butastur indicus

灰脸鵟 (kuáng) 鹰

【外形识别】体长 40~46 厘米，雌雄相似。典型特征为具白眉，喉白色，具明显的深褐色喉中线。

虹膜为黄色，喙的基部为黄色，端部为黑色，跗跖为黄色。

【生活习性】栖息于山地阔叶林、针叶林或针阔混交林地带。捕食能力极强，主要以小型蛇类、蛙、蜥蜴、鼠类、野兔和小鸟等动物性食物为食，也吃大型昆虫。

【分布地域】在中国繁殖于东北及环渤海地区，在南方地区越冬。

【生存现状】《世界自然保护联盟濒危物种红色名录》无危（LC）；《国家重点保护野生动物名录》二级。

鹰形目 鹰科

Haliaeetus albicilla

白尾海雕

【外形识别】体长82~90厘米，雌雄相似。全身整体为棕褐色，尾羽白色。

成鸟的虹膜为黄色，幼鸟的为褐色；成鸟的喙为黄色，幼鸟的为黑色；跗跖为黄色。

【生活习性】栖息于湖泊、河流、海岸、岛屿及河口湿地周边地区。主要以鱼类为食。

【分布地域】在中国繁殖于东北、西北地区，越冬于华北至西南的广大地区。

【生存现状】《世界自然保护联盟濒危物种红色名录》无危（LC）；《国家重点保护野生动物名录》一级。

大型猛禽成熟晚、羽色变化大

猛禽的体形有大有小，但同一种猛禽通常是雌鸟的体形大于雄鸟。猛禽的寿命也不尽相同，如鹰形目的中小型种类的寿命为 15～25 年，大型种类如金雕等则为 40～50 年，有些甚至能达到 80 年。

其中大型猛禽如雕、海雕、秃鹫等需要 4～5 年才能达到性成熟。对于具有晚成性的白尾海雕而言，雏鸟孵出后一般由雌雄亲鸟共同喂养，在经过约 70 天的巢期生活后，雏鸟才初步具有飞行能力。此时幼鸟的喙还是黑色的，尾和体羽为褐色。

不同年龄的白尾海雕幼鸟或亚成体，羽色的深浅和斑纹的多少也是不同的（上图为不同年龄的亚成体），其尾羽随年龄增长逐渐由深色且有花纹变为白色，喙逐渐由黑色变为黄色。其羽色要接近成鸟羽色需要 4～5 年的时间。

鹰形目 鹰科

Gyps himalayensis

高山兀（wù）鹫（jiù）

【**外形识别**】体长102~110厘米，雌雄相似。典型特征为头和颈裸露，具黄色或白色绒羽。

虹膜为褐色，成鸟的喙为铅灰色，幼鸟的为黑色；跗跖为灰黄色。

【**生活习性**】栖息于高山草甸、戈壁河谷地区，多单只或集群翱翔。主要以腐肉和动物尸体为食，一般不攻击活体动物。

【**分布地域**】在中国分布于青藏高原及周边山区，通常为留鸟。

【**生存现状**】《世界自然保护联盟濒危物种红色名录》近危（NT）；《国家重点保护野生动物名录》二级。

什么猛禽食腐？

猛禽中有一类鸟具有食腐性的特点，即鹰科鹫属，如秃鹫、高山兀鹫、胡兀鹫等，它们专吃动物尸体。由于食腐的需要，此类鸟带钩的喙非常厉害，可以轻而易举地啄破和撕开动物尸体厚韧的皮，裸露的头和长脖子便于伸进尸体的腹腔进食。它们被称为"高原上的清洁工"。

高山兀鹫的视力极佳，一旦发现动物的尸体，它们就会迅速降落，和周围"闻讯而来"的同伴争抢这顿大餐。在享用大餐的时候，它们面部和脖子的颜色会从浅褐色变成粉红色。另外，不是专门食腐的猛禽也会食腐，如黑鸢等。

鹰形目 鹰科

Aegypius monachus

秃鹫

【外形识别】体长 100~120 厘米，雌雄相似。通体黑褐色，头裸露，仅被有短的黑褐色绒羽，后颈完全裸露无羽。

虹膜为褐色，喙的端部为黑色，跗跖为肉粉色。

【生活习性】主要栖息于高山荒原、低山丘陵与荒岩草地及林缘地带。主要以动物的尸体为食。

【分布地域】在中国大部分省都有分布，常见于西部地区，在华北、东北地区冬季常见，其他地区罕见。

【生存现状】《世界自然保护联盟濒危物种红色名录》近危（NT）；《国家重点保护野生动物名录》一级。

鹰形目 鹰科

Circus cyaneus

白尾鹞（yào）

【**外形识别**】体长 41~53 厘米，雌雄差异很大。雄鸟整体灰色，翅尖黑色，尾上覆羽为白色；雌鸟上体暗褐色，尾上覆羽为白色。

虹膜为黄色，喙为铅灰色，跗跖为黄色。

【**生活习性**】栖息于平原及丘陵地带的湖泊沼泽、草原荒野和芦苇塘等开阔地。

【**分布地域**】在中国繁殖于东北和西北地区，越冬于长江流域及以南地区。

【**生存现状**】《世界自然保护联盟濒危物种红色名录》无危（LC）；《国家重点保护野生动物名录》二级。

雄鸟

雌鸟

【小贴士】

为什么尾羽是"万能舵"？

飞行时，鸟类的翅膀是发动机，而尾羽则是万能舵。有的鸟的尾羽展开好像扇子，有的鸟的尾羽则像长长的飘带。尾羽的形状、结构决定了鸟的飞行速度和灵活性，不过虽然形状不同，但几乎所有鸟的尾羽在飞行中都能起到平衡身体、调节速度、改变方向、控制升降的作用，所以称它为"万能舵"也不为过。

白尾鹞捕猎时通常会在芦苇塘、灌丛上方平飞观察，一旦发现猎物就会立刻通过控制尾羽来一个"鹞子翻身"，以闪电绝杀之势直扑猎物。武术、杂技中有一种比喻身体悬空翻转、轻捷如鹞之旋飞的身段，叫"鹞子翻身"，就是观察猛禽（雄性雀鹰）的捕猎动作而来的。

鹰形目 鹰科

Accipiter nisus

雀鹰

【外形识别】体长 32~43 厘米，雌雄相似。雄鸟具细密的红褐色横斑，头部灰色，脸颊红色；雌鸟白眉明显，具褐色横斑。

雄鸟的虹膜为橘红色，雌鸟及幼鸟的虹膜为黄色；喙为深灰色，跗跖为黄色。

【生活习性】栖息于低山丘陵的针叶林、针阔混交林等山地森林和林缘地带。

【分布地域】在中国分布于全国大部分地区。在东北和西北地区为夏候鸟，在其他地区为旅鸟或留鸟。

【生存现状】《世界自然保护联盟濒危物种红色名录》无危（LC）；《国家重点保护野生动物名录》二级。

雌鸟

雄鸟

《 小贴士 》

猛禽怎么育雏？

猛禽抚育后代的分工非常明确，这种抚育的分工与雌鸟与雄鸟体形大小的差异不无关系。以雀鹰为例，其雄鸟的体重往往只有雌鸟的一半，因此体形大、便于孵育的雌鸟经常在巢内停留，负责孵育。雄鸟的主要任务是捕猎，有时雄鸟飞回来时还会大声鸣叫，呼唤雌鸟离巢迎接。雌鸟将捕获物取回，然后非常耐心地撕成小块来喂雏鸟。在雏鸟刚孵出的几天里，喂雏任务由雌鸟包办，直到雏鸟能自己寻食撕食。

气候也对育雏有重要影响。尤其是在低温或下雨环境下，雏鸟如果没有雌鸟的身体遮盖，在严寒里很快就会被冻僵，甚至死亡。因此，在严寒天气，尤其是雨天，雄鸟会把猎物直接带到巢中交给保护雏鸟的雌鸟。

此外，雌鸟还承担叼回树枝修补鸟巢的任务，直至雏鸟的羽毛丰满，自己会摄取食物、练习飞行。

鹰形目 鹰科

Milvus migrans

黑鸢（yuān）

【外形识别】体长 58~66 厘米，雌雄相似。整体为黑褐色，尾较长，呈叉状，耳羽黑色。

虹膜为褐色，喙为深灰色，跗跖为灰色。

【生活习性】栖息于有水域的山区林地、城郊田野、港湾湖泊地带。主要以鼠、鱼、蛇、蛙、蜥蜴和昆虫等动物性食物为食，也食腐。

【分布地域】在中国东北地区、内蒙古为夏候鸟。常见于全国大部分地区，为留鸟。

【生存现状】《世界自然保护联盟濒危物种红色名录》无危（LC）；《国家重点保护野生动物名录》二级。

【小贴士】

谁是鸟中"拾荒者"？

鸟类学家研究发现，成年黑鸢会将有明显光泽的白色垃圾带回巢内，这在黑鸢种群里是一种炫耀自身实力的行为。但是青幼年和老年黑鸢巢内的白色垃圾却并不是特别多，这是因为白色垃圾多的巢，会容易受到同类的挑战，除了身强力壮的黑鸢，其他黑鸢一般不会在巢内囤积太多白色垃圾。

鹰形目 鹰科

Elanus caeruleus

黑翅鸢

【外形识别】体长 31~36 厘米，雌雄相似。整体为黑白灰 3 色，飞羽黑色，眼睛红色。

成鸟的虹膜为红色，幼鸟的为黄色或黄褐色；喙为黑色，跗跖为深黄色。

【生活习性】栖息于有乔木和灌木的开阔农田和草原地区。主要以鼠类、鸟类、昆虫等为食，常以空中悬停的方式寻找猎物。

【分布地域】在中国分布于华南、华东、西南和华北地区，多为夏候鸟，在云南为留鸟。

【生存现状】《世界自然保护联盟濒危物种红色名录》无危（LC）；《国家重点保护野生动物名录》二级。

(小贴士)

什么是悬停?

悬停,即相对静止悬浮停留在空中。会飞的鸟,或多或少都具备振翅悬停的能力。

不少猛禽会利用悬停,在空中观察地面或水面的猎物,一旦锁定目标就立即俯冲下去,一举将其捕获,如红隼、猛隼、白尾鹞、黑翅鸢、短耳鸮等。

悬停主要是为了较为省力地得到升力,对于猛禽而言,通常只需迎风轻微扇动翅膀即可,风大时甚至不用扇动翅膀,只需控制好翅膀的迎风角度就能悬停。黑翅鸢是捕鼠高手,它往往通过在空中悬停观察(见上图)发现老鼠,然后俯冲而下将其捕获。

鹰形目 鹰科

Buteo hemilasius

大鵟

【**外形识别**】体长 56~71 厘米，雌雄相似。是体色变化较大的猛禽，有浅色型、中间型和深色型。

虹膜为黄褐色，喙为黑色，跗跖为深黄色。

【**生活习性**】栖息于高山林缘、草原荒漠等，垂直分布可以达到 4000 米以上的高原山地。主要以啮齿动物、蜥蜴、蛇和昆虫等为食。

【**分布地域**】在中国分布于北方大部分地区，在东北和西北地区多为留鸟，在其他地区为候鸟。

【**生存现状**】《世界自然保护联盟濒危物种红色名录》无危（LC）；《国家重点保护野生动物名录》二级。

【小贴士】

同种猛禽有多种色型吗？

同种鸟类大多色型相似或一致，不过猛禽中的大鵟就比较独特。

它们没有亚种分化，但体色变化较大，分为浅色型、中间型和深色型3种色型。通常浅色型和中间型的头部与胸部颜色浅且斑纹少，尾羽近白色。在低海拔地区这两种色型较为常见，深色型少见。在高海拔的青藏高原，深色型居多。

鹰形目 鹰科

Aquila nipalensis

草原雕

【外形识别】体长 70~82 厘米，雌雄相似。成鸟整体为深褐色。由于年龄差异，体色从淡灰褐色、褐色、棕褐色、土褐色到暗褐色都有，变化较大，

虹膜为褐色，喙为黄色，跗跖为深黄色。

【生活习性】主要栖息于草地、荒漠和低山丘陵地带，从海平面至海拔 3000 米的高度均有其身影出现。

【分布地域】在中国西北和东北地区为夏候鸟，在西南和华南地区为冬候鸟。

【生存现状】《世界自然保护联盟濒危物种红色名录》濒危（EN）；《国家重点保护野生动物名录》一级。

草原雕会恃强凌弱？

初冬的午后，在青海省一个海拔4200米高的高山草甸上，一只兔狲来到狩猎场给孩子们抓鼠兔。不一会儿，它没费多大力气就抓到一只硕大的鼠兔，然后一路小跑往家赶。突然，不速之客——草原雕从天而降，拦住了它的去路。兔狲还没反应过来，鼠兔已被"强盗"抢走。蓄谋已久的草原雕得手后赶紧起飞，此刻兔狲才回过神来，并奋力反击（见上图）。但为时已晚，兔狲眼睁睁看着刚到手的鼠兔被抢走……

这是恃强凌弱的一个典型案例。兔狲（学名：*Otocolobus manul*）是一种比家猫稍大的凶猛的小型猫科动物，抓鼠兔的本事很厉害。大型猛禽草原雕主要是倚仗自己能飞，期凌了不能飞的兔狲。

鹰形目 鹰科

Circus melanoleucos

鹊鹞

【外形识别】体长 42~48 厘米，雌雄差异明显。因雄鸟黑白相间的羽色似喜鹊而得名。雌鸟整体棕褐色，胸部具深色纵纹。

虹膜为黄色，喙为铅灰色，跗跖为黄色。

【生活习性】栖息于开阔的低山林缘、草地、旷野、河谷、沼泽，尤喜芦苇湿地。

【分布地域】在中国东北地区为夏候鸟，在其他地区为冬候鸟和旅鸟。

【生存现状】《世界自然保护联盟濒危物种红色名录》无危（LC）；《国家重点保护野生动物名录》二级。

雄鸟

雌鸟

隼形目 隼科

Microhierax melanoleucos

白腿小隼

【**外形识别**】体长15~19厘米，雌雄相似。整体为黑白两色。

虹膜为深褐色，喙为黑色，跗跖为黑色。

【**生活习性**】栖息于落叶森林和林缘地区。常成群或单只在高大乔木的树冠顶枝上活动。主要以昆虫、小鸟和鼠类等为食。

【**分布地域**】在中国主要分布于华南、东南和西南等地区，在各地均为罕见留鸟，区域性常见。

【**生存现状**】《世界自然保护联盟濒危物种红色名录》无危（LC）；《国家重点保护野生动物名录》二级。

小贴士

谁是最小的猛禽？

中国有白腿小隼和红腿小隼两种小隼。黑白两色的白腿小隼还有一个"熊猫鸟"的别称。它们是世界上最小的猛禽之一。有多小呢？其身长约15厘米，比麻雀略大。

在中国，白腿小隼在江西、广西、贵州、云南等几个南方省份有分布，均为地区留鸟，在更广范围内极为罕见。红腿小隼更少，它们作为留鸟只在云南盈江、西藏东南部出现。

红腿小隼

隼形目 隼科

Falco tinnunculus

红隼

【外形识别】体长 31~38 厘米，雌雄有差异。雄鸟头灰色，胸腹黄色具稀疏斑纹；雌鸟整体灰褐色，具深褐色斑纹。髭斑明显。

虹膜为深褐色；喙的基部为黄色，端部为深灰色；跗跖为黄色。

【生活习性】栖息于山地森林、草原、旷野、城市及开垦农田地区。以小型啮齿类、鸟类以及昆虫为食。

【分布地域】在中国分布极广，各地常见，不同种群的居留迁徙情况各异。

【生存现状】《世界自然保护联盟濒危物种红色名录》无危（LC）；《国家重点保护野生动物名录》二级。

雌鸟

哪种猛禽与人类最亲近？

红隼是与人类最亲近的猛禽之一，它们在建筑物上筑巢，与人类朝夕相处。

在北京植物园附近的一个居民小区，一对红隼看上了张家阳台防盗护栏顶上的废弃喜鹊窝。为了让红隼在喜鹊窝安家繁育，张家决定不开阳台门窗，给红隼安全感，尽全力留住了红隼（见上图）。

从红隼孵蛋到养育雏鸟的 3 个多月的时间里，张家放弃了对阳台的使用，克服了很多困难，直到 6 只红隼宝宝全都健康长大，在亲鸟的精心呵护下翅膀变硬了，学会了飞行，最终随亲鸟安全迁飞离开。

雄鸟

隼形目 隼科

Falco amurensis

红脚隼

【外形识别】体长 27~33 厘米，雌雄差异很大。也叫阿穆尔隼。雄鸟整体灰色，头深灰色；雌鸟整体褐色，下体具深褐色斑纹。具明显髭斑。

虹膜为深褐色；喙的基部为橘色，端部为深灰色；跗跖为橘红色。

【生活习性】栖息于有稀疏树木的低山丘陵、山脚平原、沼泽、草地和农田耕地等开阔地区。主要以昆虫为食。

【分布地域】在中国东北、西北、华北等地区为夏候鸟，迁徙季见于南方地区。

【生存现状】《世界自然保护联盟濒危物种红色名录》无危（LC）；《国家重点保护野生动物名录》二级。

雌鸟

雄鸟

Falco subbuteo

燕隼

【外形识别】体长 29~35 厘米，雌雄相似。翼窄长似燕，具明显长短双髭斑。

虹膜为深褐色；喙的基部为黄色，端部为深灰色；跗跖为黄色。

【生活习性】栖息于有稀疏树木的低山丘陵、旷野、耕地地带。主要以雀形目小鸟为食，也捕食昆虫等。擅长在空中捕猎。

【分布地域】分布于中国北方大部分地区，在南方地区越冬。

【生存现状】《世界自然保护联盟濒危物种红色名录》无危（LC）；《国家重点保护野生动物名录》二级。

鸟类的命名规则是什么?

由于几乎每个国家或地区对于同一种鸟类的称呼都不同,人们为了保证准确性,就统一用拉丁文命名学名。

学名通常分为两节,第一节是该物种的属,表明它属于哪一个属,第二节是物种名。比如燕隼的学名为 *Falco subbuteo*,*Falco* 是属,*subbuteo* 是物种名。在动物分类学中,一个动物物种还可以往下细分,就应用三名法来命名一个亚种,比如燕隼南方亚种,学名就是 *Falco subbuteo streichi*(第三个拉丁文名是亚种名)。

隼形目 隼科

Falco peregrinus

游隼

【外形识别】体长 45~50 厘米，雌雄相似。成鸟整体深褐色，头部黑色，具宽大鬓斑，胸腹部具明显细斑。亚成体颜色较成鸟浅。

虹膜为深褐色；喙的基部为黄色，端部为深灰色；跗跖为黄色。

【生活习性】栖息于多岩山地、荒漠、草原、河流和沼泽地带。主要捕食中小型鸟类。是俯冲速度最快的鸟类，主要在空中捕猎。

【分布地域】在中国东部地区以及海南为候鸟，在西北和西南地区为留鸟。

【生存现状】《世界自然保护联盟濒危物种红色名录》无危（LC）；《国家重点保护野生动物名录》二级。

【小贴士】

谁是鸟界冲刺冠军？

游隼性情凶猛，主要在空中捕食，所以具有可以减少阻力的狭窄翅膀和比较短的尾羽。它们大多数时候都在空中飞翔巡狩，发现猎物时先快速升上高空，呈螺旋状俯冲猛扑猎物，用脚掌以超强的力量和速度击杀猎物。

游隼向下俯冲的时速最高可达近300千米，它们是鸟类短距离飞行冲刺的冠军。游隼以这样惊人的速度在空中捕猎，被它们盯上的猎物几乎必死无疑。

隼形目 隼科

Falco cherrug

猎隼

【外形识别】体长 42~60 厘米，雌雄相似。整体深褐色，成鸟胸腹近白色，具斑点。髭斑窄而色浅。

虹膜为深褐色；喙的基部为黄色，端部为灰蓝色；跗跖为黄色。

【生活习性】栖息于疏林山区、多岩沙漠、草地旷野地带。

主要以啮齿类、中型鸟类为食。

【分布地域】在中国繁殖于西北、东北地区，部分种群在南方地区越冬。

【生存现状】《世界自然保护联盟濒危物种红色名录》濒危（EN）；《国家重点保护野生动物名录》一级。

鸮形目 鸱鸮科

Glaucidium cuculoides

斑头鸺 (xiū) 鹠 (liú)

【**外形识别**】体长22~26厘米，为雌雄相似的小型鸮类。整体褐色，头顶具白色斑纹，面盘不明显，无耳羽簇。

虹膜为黄色，喙为黄色，跗跖为黄色。

【**生活习性**】栖息于阔叶林、混交林、次生林地带。主要以昆虫为食，也吃鼠类、小鸟、蚯蚓、蛙和蜥蜴等。绝大部分是昼行性的。

【**分布地域**】亚种较多，在中国南方大部分地区，以及西北部分地区均有分布，为常见留鸟。

【**生存现状**】《世界自然保护联盟濒危物种红色名录》无危（LC）；《国家重点保护野生动物名录》二级。

鸮形目 鸱鸮科

Otus sunia

红角鸮（xiāo）

【**外形识别**】体长 16~22 厘米，雌雄相似。分为红色和灰色两种色型，灰色型常见。具明显耳羽簇。

虹膜为黄色；喙为角质色；跗跖为灰黄色，被羽。

【**生活习性**】栖息于山地林间、公园林地等地带。筑巢于树洞中，也会选择人工鸟巢箱。主要以昆虫、鼠类、鸟类为食，为夜行性动物。

【**分布地域**】在中国东北和华北地区为夏候鸟，在长江流域及以南地区为留鸟。

【**生存现状**】《世界自然保护联盟濒危物种红色名录》无危（LC）；《国家重点保护野生动物名录》二级。

什么是人工鸟巢箱?

人工鸟巢箱可以为小鸟提供栖身之所,有帮助其躲避天敌,保护卵、巢和幼崽等作用。

人工鸟巢箱的形式多种多样,主要有竹节式、瓦钵式、捆绑式、木箱式等。喜欢人工鸟巢箱的主要都是在洞穴中筑巢的鸟。人工鸟巢箱的安装悬挂也是有讲究的,可以安装悬挂在6米以上的乔木上,也可选在房檐下,最好是背风安静的地方。人工鸟巢箱的出入口方位以向东或者东南为宜,这样的人工鸟巢箱让小鸟有安全感。红角鸮就属于此类鸟。一对红角鸮选择了这个瓦钵式人工鸟巢箱为"家"(见右图),成功繁育了3只宝宝。

鸮形目 鸱鸮科

Ninox scutulata

鹰鸮

【**外形识别**】体长 22~30 厘米，雌雄相似。无明显的面盘，以眼大且似鹰而得名。无耳羽簇。

虹膜为黄色；喙为灰色；跗跖为灰黄色，被羽。

【**生活习性**】栖息于低山丘陵的阔叶林和针阔混交林，以及平原林地等的高大树林。以鼠类、昆虫为食，亦食蝙蝠、蛙类等，为夜行性动物。

【**分布地域**】在中国分布于西南和东南地区，为留鸟。北方地区亦有分布，较为少见，为夏候鸟。

【**生存现状**】《世界自然保护联盟濒危物种红色名录》无危（LC）；《国家重点保护野生动物名录》二级。

猫头鹰晚上怎么抓老鼠？

猫头鹰基本上都在夜晚觅食，这种"黑夜杀手"有着神奇的特质。

首先是夜间视力超强。它们具有构造特殊的眼睛，瞳孔大而圆，角膜晶体曲率高，视网膜上感受弱光的柱状细胞占主导地位，因此进入眼睛的光线会格外的多，让它们能够在漆黑的夜晚看见猎物。

其次是听觉灵敏。它们的耳朵构造特殊，可以听到高频音波，而鼠类活动发出的音波也在这个频率上，因此它们可以准确定位猎物。

最后是飞行无声响。它们羽毛表面布满波状绒毛，飞羽边缘为齿状且柔软。这样特殊的羽翅结构极大减弱或消除了飞行时与空气的摩擦声响，使他们来去无声，能给猎物来个措手不及。

鸮形目 鸱鸮科

Bubo bubo

雕鸮

【**外形识别**】体长59~73厘米，雌雄相似。为中国最大的猫头鹰之一。面盘明显，具长耳羽簇。

虹膜为橙红色；喙为灰色；跗跖为灰黄色，被羽。

【**生活习性**】栖息于高山峭壁、山地森林、林缘平原、荒野湿地等各类环境中，最高可达海拔4500米高的地区。以鼠类为主食，也吃兔类、刺猬等。绝大部分是夜行性的。

【**分布地域**】在中国分布于除海南和台湾外的大部分地区，多为留鸟。

【**生存现状**】《世界自然保护联盟濒危物种红色名录》无危（LC）；《国家重点保护野生动物名录》二级。

猫头鹰为什么经常睁一只眼闭一只眼？

鸮形目的鸟俗称猫头鹰，绝大部分是夜行性的。猫头鹰眼瞳后部有一个反射光线的膜层，使光线能再次透过瞳孔感光，大大增强了其夜间的弱光视力，这也是猫头鹰在晚上也能清晰地看到猎物的原因之一。但是，白天的强光对于这样构造的眼睛来说就会过于刺激，所以猫头鹰白天总是闭着眼睛。

但在休息时完全闭上眼睛怎么防范敌害呢？猫头鹰就进化出了一种功能：可以睁一只眼闭一只眼，这样还可以实现左右脑轮换休息的目的。

鸮形目 鸱鸮科

Bubo scandiacus

雪鸮

【外形识别】体长 55~64 厘米，雌雄相似。雄鸟整体白色，雌鸟亦为白色但具深褐色横纹。面盘不明显，无耳羽簇。

虹膜为黄色，喙为灰色，跗跖被羽。

【生活习性】栖息于北极的苔原森林、荒地丘陵地带。主要以雪兔、鼠类、鸟类为食。绝大部分是昼行性的。

【分布地域】在北极和西伯利亚繁殖，越冬于中国东北和西北部分地区，十分罕见。偶有个体在冬季出现于华北地区。

【生存现状】《世界自然保护联盟濒危物种红色名录》易危（VU）；《国家重点保护野生动物名录》二级。

雄鸟

什么是"吐食丸"？

部分鸟类（尤其是猛禽）会将吃进腹中的食物中不能被吸收或排遗的物质，在胃中凝结成团状物，并主动从嘴里反吐出去，这种行为被称为"吐食丸"。

食丸一般由脊椎动物的牙齿、骨头和毛发，昆虫的外骨骼和甲壳动物的外壳，以及误吞的不能消化的异物等组成。资料显示，有 300 多种鸟类会"吐食丸"。

通常，猛禽会在进食后 8 ～ 24 小时吐出食丸，食丸一般为圆形、椭圆形和棍棒形。大型猛禽，如金雕饱食后最长可在 5 天以后才吐出食丸。

上图为雪鸮吐食丸，由于是很大的棍棒形食丸，从开始张嘴到吐出来，雪鸮反复折腾了几次，总共耗时 8 分钟。

雌鸟

鸮形目 鸱鸮科

Strix nebulosa

乌林鸮

【外形识别】体长 56~65 厘米，雌雄相似。面盘圆而明显，且具同心圆斑纹，无耳羽簇。

虹膜为黄色，喙为黄色，跗跖被羽。

【生活习性】栖息于原始针叶林和以落叶松、白桦等为主的针阔混交林地带。主要以啮齿类动物为食。绝大部分是夜行性的。

【分布地域】在中国分布于东北北部和新疆北部，为当地的少见留鸟。

【生存现状】《世界自然保护联盟濒危物种红色名录》无危（LC）；《国家重点保护野生动物名录》二级。

小贴士

猫头鹰雏鸟不会飞，但会爬树

夏天，在野外鸮形目的繁殖地，有时会遇到猫头鹰雏鸟从巢里掉出来的情况，这时应该怎么处理呢？

如果发现这种情况，并且雏鸟已经受伤，请尽快联系当地野生动物保护机构，请他们处理。但如果周围环境安全，猫头鹰雏鸟也没有受伤，请不要管它。因为猫头鹰雏鸟虽然还不会飞，但是它们拥有爬树这一技能，而且这也是猫头鹰雏鸟不可避免的成长过程。

右上图中一只还不会飞的乌林鸮雏鸟从树上的鸟巢掉落，正在爬回树上。值得注意的是，在大型猫头鹰（如乌林鸮、长尾林鸮等）巢区救助雏鸟的过程中，触碰雏鸟时要特别小心，因为亲鸟不知道你抓它的孩子的用意，为保护雏鸟往往会突然向你发起攻击。

鸮形目 鸱鸮科

Athene noctua

纵纹腹小鸮

【外形识别】体长 20~26 厘米，雌雄相似。平头，面盘不明显，无耳羽簇，具明显白色眉纹。

虹膜为黄色，喙为黄色，跗跖被羽。

【生活习性】栖息于低山丘陵、稀疏林地和平原农田，尤喜村庄附近地带。主要以鼠类和昆虫为食，也吃小鸟、蜥蜴、蛙类等。绝大部分是昼行性的。

【分布地域】广泛分布于中国北方及西部的大部分地区，为不常见留鸟。

【生存现状】《世界自然保护联盟濒危物种红色名录》无危（LC）；《国家重点保护野生动物名录》二级。

谁叫"雅典娜的小鸮"?

纵纹腹小鸮的学名 *Athene noctua*，翻译过来就是"雅典娜的小鸮"。古希腊人认为，纵纹腹小鸮是那位智慧、战争、艺术女神的爱鸟，因而也将其认为是智慧的象征。

有趣的是，在地球另一端的中国，夜行性的猫头鹰，反而被认为是一种不祥的预兆。

鸮形目 鸱鸮科

Asio flammeus

短耳鸮

【外形识别】体长 35～40 厘米，雌雄相似。面盘圆而明显，具黑色"烟熏妆眼影"，因耳羽簇极短且不明显而得名。

虹膜为黄色，喙为灰色，跗跖被羽。

【生活习性】栖息于近水的低山丘陵、平原草地、沼泽湖岸地带。主要以鼠类为食，也吃蜥蜴和昆虫等。绝大部分是夜行性的。

【分布地域】在中国繁殖于东北北部，在其他大部分地区为旅鸟或冬候鸟。

【生存现状】《世界自然保护联盟濒危物种红色名录》无危（LC）；《国家重点保护野生动物名录》二级。

猫头鹰的耳羽簇有什么用？

耳羽簇由许多颜色不一的羽毛重叠形成，看似耳朵，但其实只是一团羽毛。不同猫头鹰的耳羽簇长短不一，比如长耳鸮、雕鸮的耳羽簇就很长，而短耳鸮的耳羽簇就很短，甚至有的猫头鹰没有耳羽簇。我们可以通过耳羽簇的变化了解猫头鹰的即时状态，如直立往往表示警惕、威胁、紧张、惊恐等。

猫头鹰其实是有耳朵的，而且听觉十分敏锐。它们的耳孔很大，不是圆孔，而是细长的深缝，而且两侧位置一高一低不对称，这样的耳朵结构可以让它们听到更细微的声音。一般来说，耳羽簇的长短与耳孔的位置有关，耳孔在头上方两侧的猫头鹰耳羽簇相对较长，竖立起来可以扩大脸部的面积，有利于收集音波。

湿地主人

涉禽

钳嘴鹳（学名：*Anastomus oscitans*）

涉禽包括鹤形目、鹳形目和鸻形目等，主要是指那些适应涉水，在各种类型的湿地中生活的鸟类。此类鸟通常具有"三长"特征——喙长、颈长、腿脚长。喙长、颈长适合从水底、污泥或沙地中获得食物。而腿脚长主要是为了方便涉水行走。而且绝大多数涉禽的趾间蹼膜基本退化，不适合游泳。

涉禽还有一个特点就是体形大小悬殊，比如既有鹤形目鹤科身长超过150厘米的丹顶鹤，也有鸻形目秧鸡科身长50厘米左右的紫水鸡，还有鸻形目鹬科身长不到20厘米的勺嘴鹬。体形差异主要体现在腿脚长短方面，脚长适合在较深的水域觅食，脚短适合在浅水或滩涂泥地中觅食。涉禽的种类不同，脚趾的发达程度也不同，比如鹭科、秧鸡科的鸟脚趾细长、接触面积大，特别适合在挺水植物（如芡实、莲叶或浮萍）上行走觅食。

大部分涉禽都有迁徙的习性，比如中杓鹬繁殖于北极冻原森林带和泰加森林地带，在中国主要为旅鸟，春季和秋季（迁徙季）在中国部分地区可以见到。也有少数秧鸡科的鸟是留鸟，不迁徙。

鹤形目 鹤科

Leucogeranus leucogeranus

白鹤

【外形识别】体长 125~140 厘米，雌雄相似。成鸟全身以白色为主，仅初级飞羽为黑色，展翅才可见。红褐色的喙与红色裸皮脸连为一体，特征明显。幼鸟体色为白褐相间，还未形成红色裸皮脸。

虹膜为黄色，喙为红褐色，跗跖为红褐色。

【生活习性】栖息于开阔湿地、苔原沼泽和较大湖泊沿岸地带，对栖息地要求很特别——喜欢浅水湿地。

【分布地域】在中国东部地区为旅鸟，在长江流域为区域性常见冬候鸟。

【生存现状】《世界自然保护联盟濒危物种红色名录》极危（CR）；《国家重点保护野生动物名录》一级。

区域性常见的濒危鸟类

每到冬季，全世界绝大多数白鹤都会到鄱阳湖过冬，普通民众可以很容易在特定时间观察到成群的白鹤。

虽然白鹤是极危动物，但据调查，目前在中国过冬的东部种群已达到了5000多只，相较于世界自然保护联盟给出的4000只的数据，有了一定的增长。

鹤形目 鹤科

Grus virgo

蓑羽鹤

【**外形识别**】体长 90~100 厘米，雌雄相似。别名闺秀鹤，是所有鹤类中体形最小的一种。成鸟全身以灰色为主，眼后和耳羽延长成白色束状羽，前颈羽毛延长成蓑状羽，特征明显。幼鸟体色为白褐相间。

虹膜为红色或橘红色，喙为灰绿色，跗跖为灰褐色。

【**生活习性**】栖息于周边有河流、湖泊的以羊茅草、蒿草等为主要植被的干旱草原。

【**分布地域**】在中国繁殖于新疆、内蒙古和东北地区，迁徙时见于华北和西北等地区。

【**生存现状**】《世界自然保护联盟濒危物种红色名录》无危（LC）；《国家重点保护野生动物名录》二级。

〔小贴士〕

哪种鸟能飞越喜马拉雅山？

每年成千上万只蓑羽鹤都会飞越喜马拉雅山去印度的温暖低地过冬。对于很多年轻的蓑羽鹤来说，这是它们第一次踏上这场需要克服艰难险阻、与时间赛跑的旅途。

每年的迁徙季到来时，蓑羽鹤都会从我国东北地区赶到喜马拉雅山脉腹地，并选择适合的天气和山谷再次出发。它们互相协助，拼尽全力去征服这世界上最高的天然屏障。

在旅途中也有意外发生，或是因恶劣天气而丧生，或是被每年这个季节守候在那里的大型猛禽（如金雕）伏击身亡。

鹤形目 鹤科

Grus japonensis

丹顶鹤

【外形识别】体长130~160厘米，雌雄相似。成鸟头顶红色，全身以白色为主，仅前颈、次级飞羽和三级飞羽为黑色。幼鸟体色白褐相间。

虹膜为褐色，喙为黄绿色，跗跖为黑褐色。

【生活习性】栖息于沿海滩涂地带开阔的芦苇沼泽、浅水泥滩、草滩等。

【分布地域】在中国繁殖于东北地区，迁徙经过华北等地区，在长江中下游地区越冬。

【生存现状】《世界自然保护联盟濒危物种红色名录》濒危（EN）；《国家重点保护野生动物名录》一级。

〖小贴士〗

丹顶到底是什么？

顾名思义，丹顶鹤的名称来源就是它们头顶那一块红红的、颜色像丹砂一样的区域。仔细观察这块红色区域，你会发现那并不是羽毛，而是一些突出来的疣粒，所以丹顶鹤其实是"秃顶鹤"。

未成年的丹顶鹤头顶其实并没有这块红色区域，直到它们成年才会显现。头顶越红的雄鸟在繁殖期越受欢迎。

鹳形目 鹳科

Ciconia boyciana

东方白鹳（guàn）

【外形识别】体长 105～115 厘米，雌雄相似。成鸟全身以白色为主，全部飞羽为黑色，喙为黑色且粗壮，特征明显。

虹膜为黄白色，喙为黑色，跗跖为红色。

【生活习性】栖息于开阔沼泽和田野地带，在高大树木、高压电线铁塔或建筑物上筑巢。

【分布地域】中国繁殖于东北至华东地区，越冬于长江流域至华南地区和台湾。

【生存现状】《世界自然保护联盟濒危物种红色名录》濒危（EN）；《国家重点保护野生动物名录》一级。

为什么要给东方白鹳建"食堂"？

渤海湾滨海湿地天津段，历来是候鸟迁徙的重要停歇地。2020 年 11 月 7 日，3170 只东方白鹳（接近全球总数 6500 只的一半）提前到达天津。但由于湿地退化、食物不足等，它们只能集中在湿地周边的人工鱼塘觅食，而鱼塘主为了保住辛苦得来的收成，使用了放鞭炮等方式驱赶东方白鹳。这个情况引起了社会各界和媒体关注，爱鸟志愿者为保护东方白鹳，连日开展了守护行动。

为了解决这个难题，非政府组织和爱鸟人士迅速募集了一笔资金，把东方白鹳最熟悉的大鱼塘租下来，在那里为它们搭建了一个安心"食堂"，为饿肚子的东方白鹳买鱼吃，做集中式管理，日夜守护，直到它们迁徙离开。

鹈形目 鹮科

Platalea leucorodia

白琵鹭（lù）

【外形识别】体长 80~95 厘米，雌雄相似。全身白色，喙长而扁直，端部明显扩大似琵琶，喙基部至眼部有细黑线连接，特征明显。繁殖期头后具穗状冠羽，非繁殖期无冠羽。

虹膜为黄色；喙为黑色，端部为黄色；跗跖为黑色。

【生活习性】栖息于开阔平原的湿地、湖泊、河流岸边及芦苇沼泽地带。采取用喙在水中画弧线来回扫荡、广种薄收的独特方式觅食，一旦触及食物就将其捕捉并立即吞食。

【分布地域】在中国繁殖于东北、内蒙古和新疆部分地区，越冬于长江以南地区，包括海南和台湾。

【生存现状】《世界自然保护联盟濒危物种红色名录》无危（LC）；《国家重点保护野生动物名录》二级。

繁殖羽

【小贴士】

候鸟长距离迁徙时靠什么导航?

候鸟是怎么做到每年都能准确跨越非常长的距离,往返于繁殖地和过冬地而不迷路的呢?这是因为有些鸟类有一种神奇的能力,可以利用地球的磁场在两地之间进行导航。这种神奇的能力也吸引了很多科学家进行深入研究,试图解开其中的奥秘。

2021年,中国科学院合肥物质科学研究院的强磁场科学中心磁生物学研究团队,与英国牛津大学、德国奥登堡大学的研究团队合作,在动物磁感应和生物导航领域进行了深入研究。研究人员利用磁共振光谱学等手段,对几种鸟类的磁感应关键蛋白Cry进行了深入研究,发现迁徙动物体内存在一种磁灵敏分子,又借此"揭示"了迁徙鸟类利用地球磁场导航的原理。

非繁殖羽

鹈形目 鹮科

Nipponia nippon

朱鹮（huán）

【外形识别】体长 55~78 厘米，雌雄相似。头部裸皮红色，飞羽粉红色，繁殖羽头部及上体灰色，非繁殖羽白色。

虹膜为黄色；喙为黑色，端部为红色；跗跖为红色。

【生活习性】栖息于低山丘陵的疏林附近的河滩、沼泽、稻田等湿地，单独或成对活动。

【分布地域】曾广泛分布于东亚地区，现仅存于中国陕西南部，为留鸟。除陕西外，河南和浙江等地引入建立了野化种群。

【生存现状】《世界自然保护联盟濒危物种红色名录》濒危（EN）；《国家重点保护野生动物名录》一级。

非繁殖羽

小贴士

什么是野生动物保护的"朱鹮模式"？

朱鹮，古称朱鹭，被誉为"东方宝石"。这一物种曾广泛分布于东亚地区，但自 20 世纪 30 年代以来，由于环境的严重破坏、人为猎杀等因素，朱鹮的野外种群数量和分布范围剧减。到了 70 年代末，它们相继在俄罗斯以及朝鲜灭绝，我国也一度失去了这种神奇鸟类的踪迹。

1981 年 5 月，中国科学院动物研究所的鸟类专家在陕西省的山林中发现 7 只朱鹮。从此，以陕西汉中朱鹮国家级自然保护区为专业保护力量，在各级政府、社区以及有关机构的大力支持下，保护者们经过 40 余年持续不懈的努力，终于让朱鹮的种群及其栖息地得到了有效的保护。

研究者们还在人工繁育种群得到发展后，积极开展了朱鹮的野化放归行动，使得其野外种群得到了快速重建。而这种多年的保护实践，被国家林草局称为"朱鹮模式"，得到了大力的推广。目前，朱鹮的野外种群和人工繁育种群总数已超过 4000 只。

鹈形目 鹭科

Ardea cinerea

苍鹭

【外形识别】体长 90~100 厘米，雌雄相似。整体灰色，飞羽近黑色。头后具辫状冠羽，胸部具蓑羽。

虹膜为黄色，喙为橙黄色，跗跖为灰褐色。

【生活习性】栖息于江河湖泊、溪流水塘、沼泽稻田等各种类型的湿地。在高大的树木或山崖上、芦苇丛中筑巢繁育。主要以鱼、泥鳅、虾、蛙和昆虫等为食。觅食时，常单独站在水边或浅水处长时间一动不动地观察，伺机捕捉。民间俗称其为"长脖老等"。

【分布地域】中国各省均有分布，为常见候鸟或留鸟。

【生存现状】《世界自然保护联盟濒危物种红色名录》无危（LC）。

有些鸟为什么从候鸟变成留鸟?

自然界中的生物并不是只会死板地像机器一样按照固定的行为习惯生活，它们也会随着自然环境的改变调整自身的习性。比如河南新乡黄河湿地的苍鹭，在上千千米外的繁殖地环境被破坏后，就由冬候鸟变成了留鸟，直接在过冬地繁殖。再如，在北京的一些湿地中，近些年也有不少从前会迁徙的苍鹭成为留鸟，常年在那里栖息繁育。

造成这种情况的重要原因是气候的变化，湿地水域在冬季不再像从前那样完全封冻，吃鱼的鸟在冬季也可以找到觅食的地方，因而成为留鸟。

鹈形目 鹭科

Egretta garzetta

白鹭

【外形识别】体长 54~68 厘米，雌雄相似，亦称小白鹭。全身白色，繁殖羽枕后具两条辫状冠羽，胸前具蓑羽。非繁殖羽无辫状冠羽和蓑羽。

虹膜为黄色；喙为黑色；跗跖为黑色，趾为黄色。

【生活习性】栖息于江河、沿海、水库、水田等各类湿地。以水生昆虫、鱼类等为食，也吃少量植物性食物。

【分布地域】在中国分布广泛，常见于华北、华中及其以南地区。在长江以北地区多为夏候鸟，在长江以南地区多为冬候鸟或留鸟。

【生存现状】《世界自然保护联盟濒危物种红色名录》无危（LC）。

繁殖羽

白鹭与白琵鹭形影不离为哪般？

迁徙季节，在一个湖泊的浅水区域，飞来一只白琵鹭和一只白鹭，那几天它们总在一起觅食，形影不离。

白鹭与白琵鹭喙的形状截然不同，前者长而尖细，后者扁平宽大。它们的觅食策略也大相径庭——白鹭用腿在水中哆嗦着移动，让水中的猎物也动起来，以便用长而尖细的喙对目标进行精准一击（白琵鹭见174页的描述。）

白鹭之所以总是跟随白琵鹭，主要是因为采取了一种极为聪明的觅食策略：白琵鹭扫荡觅食时，会惊动躲藏起来的鱼虾，而白鹭就能趁机省力地捕食（见左图）。

有一些鸟类这样的习性更为明显，如一些鸥类鸟，总是跟随轮船抓捕被螺旋桨卷出的鱼类；又如猛禽红脚隼在春天会跟随耕地的拖拉机，抓捕泥土中被翻出的鼠类或昆虫。

非繁殖羽

鹈形目 鹭科

Ardeola bacchus

池鹭

【外形识别】体长 38~50 厘米，雌雄相似。繁殖羽头颈及胸部为红栗色，具延长冠羽及胸部蓑羽。非繁殖羽头颈及胸部为浅褐色并具深色纵纹，无延长冠羽及胸部蓑羽。

虹膜为黄色；喙为黄色，端部为黑色；跗跖为黄色。

【生活习性】栖息于池塘、稻田、湖泊、水库和沼泽等湿地地带，少见于竹林和树林。

【分布地域】在中国分布很广，较为常见。在长江以北地区多为夏候鸟，在长江以南地区多为冬候鸟或留鸟。

【生存现状】《世界自然保护联盟濒危物种红色名录》无危（LC）。

非繁殖羽

什么是"婚羽"？

羽毛为鸟类所特有，它们有着保护皮肤、维持体温、构成飞行器官，并在飞行的时候调整方向等功能，是鸟类的"立身之本"。

所以，保持完好的羽饰，定期更换羽毛对于鸟类而言是十分重要的。健康的羽毛，是适应日常飞行生活、应季迁徙、求偶炫耀和繁育的必要条件。

一年的两次换羽，是鸟类生活中的"难关"，这期间的能量消耗，直接影响着鸟类迁徙和繁育的成败。繁殖期之后进入冬季之前所换的羽毛称为冬羽，冬末春初所换的新羽称为夏羽，或称婚羽。鸟类繁育的求偶炫耀内容多样，但往往以婚羽展示最为普遍。体形大、婚羽艳丽的雄鸟一般是求偶炫耀的主角（个别雌鸟体形大、婚羽艳丽的鸟类反之）。婚羽暗淡而被动的雌鸟，在雄鸟求婚舞蹈的调节下，与其达到性活动同步化。穿着靓丽的婚羽进行激情四射的求偶炫耀，实际上是一种高耗能的活动，比如大鸨雄鸟在求偶活动结束后，体重会减轻 1/3。

鹈形目 鹭科

Ixobrychus sinensis

黄苇鳽

【外形识别】体长 30~38 厘米，雌雄相似。雄鸟头顶为黑色，胸部纵纹色浅而模糊；雌鸟头顶为灰色，胸部纵纹较雄鸟更清晰。

虹膜为黄色；喙为黄色，喙背面至上端部为黑色；跗跖为黄绿色。

【生活习性】栖息于平原和低山丘陵的芦苇和蒲草等挺水植物丰富的中小型湖泊、水库、水塘、沼泽等地带。擅长攀缘在芦苇或蒲草上伺机捕鱼（见下组图）。

【分布地域】在中国除新疆、西藏和青海以外，广泛分布于全国各地。多为夏候鸟，在华南地区为冬候鸟或留鸟。

【生存现状】《世界自然保护联盟濒危物种红色名录》无危（LC）。

鹈形目 鹭科

Botaurus stellaris

大麻鸦

【外形识别】体长 64~78 厘米，雌雄相似。体形粗壮，体羽整体浅棕色，布满黑色斑纹。

虹膜为黄色；喙为黄色，端部为黑色；跗跖为黄绿色。

【生活习性】栖息于低山丘陵和平原的河流、湖泊、池塘、沼泽地带，尤喜有芦苇丛的湿地。受惊时，会做出头颈和身体向上伸直姿态一动不动（见右图），与身边的芦苇融为一体，很难分辨。

【分布地域】在中国分布于除青藏高原外的大部分地区，较为常见。

【生存现状】《世界自然保护联盟濒危物种红色名录》无危（LC）。

《小贴士》

无危鸟类就不用保护了吗？

大麻鳽是一种全球范围内广泛分布的鸟类，在《世界自然保护联盟濒危物种红色名录》中的等级是无危，在我国也没有进入《国家重点保护野生动物名录》看起来似乎毫无生存危机。但大麻鳽的种群数量其实有着明显的下降趋势，需要加强保护。

因此，大麻鳽被列入原国家林业局于 2000 年 8 月 1 日发布的《国家保护的有益的或者有重要经济、科学研究价值的陆生野生动物名录》。

鹤形目 秧鸡科

Fulica atra

白骨顶

【外形识别】体长 35～40 厘米，雌雄相似。通体黑色，额甲及喙白色。雌鸟额甲稍小，特征明显易辨。趾间有瓣蹼，游泳技能比趾间没有瓣蹼的秧鸡强很多。

虹膜为红色，喙为白色，跗跖为青绿色。

【生活习性】栖息于芦苇、三棱草等挺水植物丰富的湖泊、水库、水塘、苇塘等各类湿地。常潜水取食水底的水草。

【分布地域】常见于中国绝大部分地区，在长江以北地区主要为夏候鸟，在长江以南地区主要为留鸟。

【生存现状】《世界自然保护联盟濒危物种红色名录》无危（LC）。

小贴士

鸟儿打架为哪般？

同类鸟类之间的争斗，主要体现在争夺
领地、配偶和食物，以及保护巢穴、幼
鸟等多个方面。在春天进入繁殖期后，
在开阔水域最容易见到水鸟因划分领
地、守卫巢穴而"大打出手"的场面（左
图为白骨顶鸡的领地之争）。

争夺配偶的打斗以黑琴鸡表现得最为明
显。在春天为得到雌鸟的青睐，雄性黑
琴鸡会在专门的"斗鸡场"比武，而且
"斗鸡场"会开张很多天，它们每天都
打得昏天黑地，直到分出胜负为止（见
第 60 页——黑琴鸡）。

为争夺食物而打斗，主要表现在集体觅
食的鸟类之间，鹤、秧鸡等鸟类表现得
较为明显（见第 192 页——紫水鸡）。

鹤形目 秧鸡科

Amaurornis phoenicurus

白胸苦恶鸟

【外形识别】体长 28~33 厘米，雌雄相似。整体为黑白两色，脸颊、前颈及胸腹为白色，尾下覆羽为栗红色。繁殖期雄鸟在晨昏时不厌其烦地鸣叫，音似"ku e、ku e"，故称"苦恶鸟"。

虹膜为暗褐色；喙为黄绿色，上喙基部为红色；跗跖为橙黄色。

【生活习性】栖息于湖泊、水库、池塘、稻田边长有芦苇或草丛的沼泽湿地。食性杂。

【分布地域】在中国常见，在南方地区主要为留鸟，在北方地区主要为夏候鸟。

【生存现状】《世界自然保护联盟濒危物种红色名录》无危（LC）。

鹤形目 秧鸡科

Porphyrio poliocephalus

紫水鸡

【外形识别】体长 40~50 厘米，雌雄相似。全身紫蓝色，红色的喙粗壮，额甲宽大，脚趾大而灵活，特征明显易辨。

虹膜为红色，喙为红色，跗跖为红色。

【生活习性】栖息于江河、湖泊周围的沼泽湿地的芦苇丛中。常成对或成家族群活动。不善飞行，很少游水。食性杂，以植物为主食，也吃软体动物、昆虫等。能用脚趾抓住食物进食，这一习性在秧鸡科的鸟中比较特殊。

【分布地域】在中国仅分布于云南、广西、福建、海南和香港等少数地区，为区域性常见留鸟。

【生存现状】《世界自然保护联盟濒危物种红色名录》无危（LC）；《国家重点保护野生动物名录》二级。

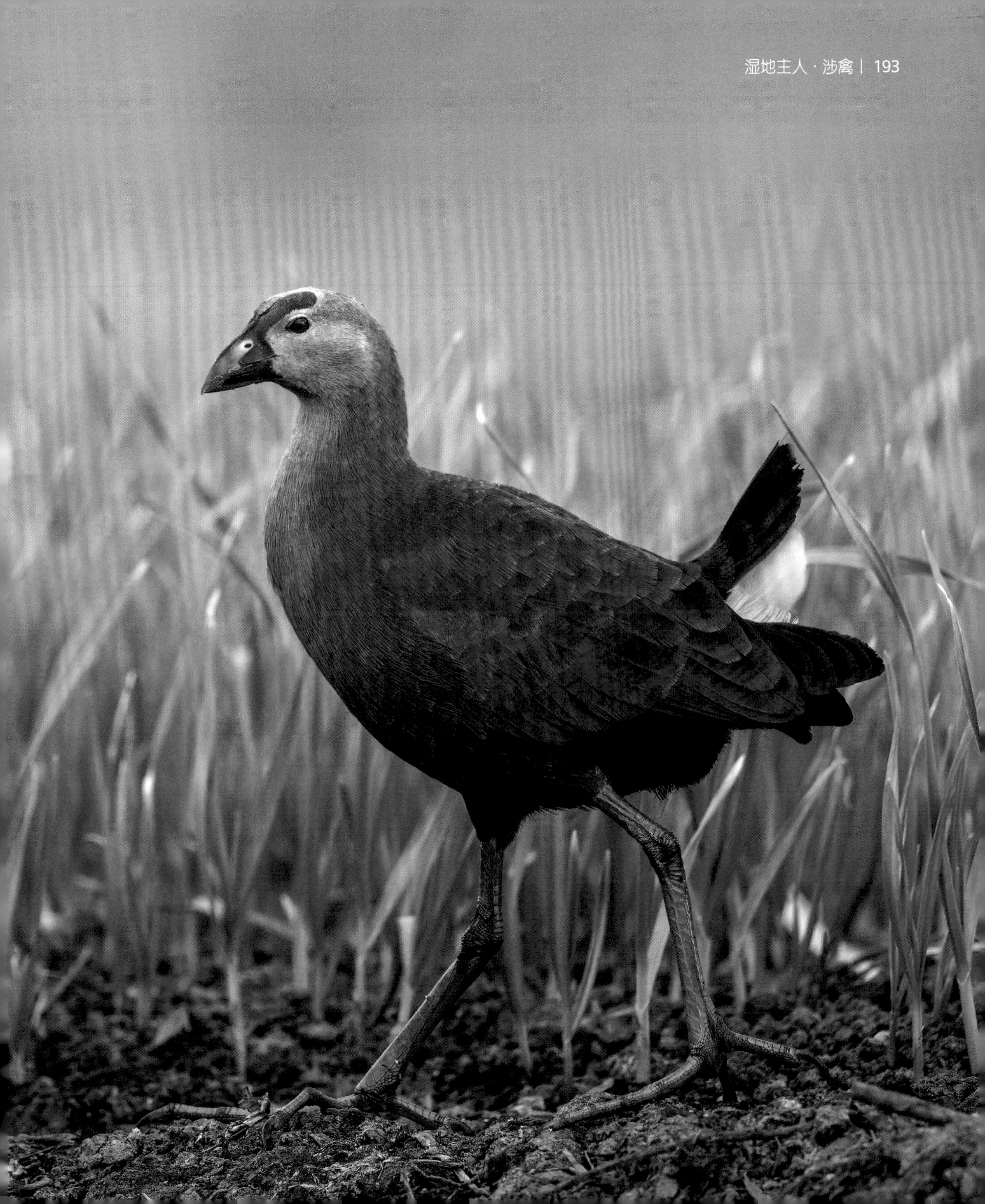

鸻形目 鹬科

Gallinago gallinago

扇尾沙锥

【外形识别】体长 24~29 厘米，雌雄相似。喙直而长，长度为头长的 1.6~2 倍，便于插入泥沙中探觅食物。

虹膜为深褐色；喙为黄褐色，端部为黑色；跗跖为灰绿色。

【生活习性】栖息于冻原和开阔平原上的淡水或盐水湖泊、河流、水塘、沼泽灌丛、芦苇塘、水田等湿地。惊飞时往往会发出一声鸣叫。主要以昆虫、蠕虫、蜘蛛、蚯蚓和软体动物为食，偶尔也吃植物种子。

【分布地域】在中国分布于各省。在东北和西北地区为夏候鸟，在南方地区为冬候鸟。

【生存现状】《世界自然保护联盟濒危物种红色名录》无危（LC）。

小贴士

怎么辨别沙锥？

中国的几种沙锥外形相似度很高，很难辨别。准确辨别的方法就是看尾羽的数量。

扇尾沙锥的尾羽为 12～18 枚（通常为 14 枚），
针尾沙锥的尾羽为 24～28 枚（通常为 26 枚），
大沙锥的尾羽为 18～26 枚（通常为 20～22 枚），
拉氏沙锥的尾羽为 16～18 枚。

鸻形目 鹬科

Calidris ruficollis

红颈滨鹬（yù）

【外形识别】体长 13~16 厘米，雌雄相似。繁殖羽颈部为棕红色，非繁殖羽颈部为浅棕色。

虹膜为褐色，喙为黑色，跗跖为黑色。

【生活习性】栖息繁殖于西伯利亚北部冻原的芦苇沼泽、海岸、湖滨地带。在水边浅水处和海边潮涧带活动，迎风边走边啄食。飞行时喜发出清脆高昂的鸣叫声。

【分布地域】在春季和秋季迁徙时途经中国各省，常成群活动，为旅鸟。在南部沿海地区、海南和台湾有冬候鸟。

【生存现状】《世界自然保护联盟濒危物种红色名录》近危（NT）。

【小贴士】

什么是留鸟、候鸟和迷鸟？

每年秋季全球都会有几十亿只鸟离开繁殖地长距离迁徙到合适的越冬地，这是自然界中最引人注目的壮观现象之一。依据迁徙的性质，鸟类可以分为留鸟、候鸟和迷鸟等类型。

留鸟是一年四季都栖息在同一个地区的鸟，不进行迁徙，如常见的麻雀、喜鹊等。此外，不擅长飞行的鸡形目鸟类绝大部分都是留鸟。

候鸟是在繁殖地和越冬地沿着比较稳定的路线进行迁徙的鸟类，如雁、燕子、杜鹃、蜂鹰和红喉姬鹟等。根据在不同地区居留的情况，候鸟又可以分为以下3种类型。

一是夏候鸟。夏季在某一地区繁殖的鸟类，在该地区就被称为夏候鸟。二是冬候鸟，即冬季在某一地区越冬的鸟类。三是旅鸟，是指某种鸟在某一地区既不是留鸟，也不是在当地过冬或越夏的候鸟，而是在迁徙旅途中在当地短暂停留和补充食物，很快继续迁飞。

其实，候鸟和旅鸟的居留类型是根据其在当地的居留情况来分的，某种鸟会在不同时间和地点会分为不同类型。比如红颈滨鹬在繁殖地西伯利亚北部是夏候鸟，在我国南部沿海越冬地是冬候鸟，而在途经华北地区短暂停留时则是旅鸟，上图就是秋季迁徙季节在北京拍摄的旅鸟。

迷鸟是在迁徙中因暴风骤雨等天气而迷失方向，偶然出现在本不该停留地区的异地鸟。如分布于欧洲和北非地区的红胸姬鹟（知更鸟）偶然出现在北京，可视为迷鸟。

鸻形目 反嘴鹬科

Himantopus himantopus

黑翅长脚鹬

【外形识别】体长 35～40 厘米，雌雄相似，别名红腿娘子。粉红色的脚修长，翅膀全黑，特征明显易辨。

虹膜为红色，喙为黑色，跗跖为粉红色。

【生活习性】栖息于近水的低山丘陵、开阔草地、沼泽湖岸地带。常单独、成对或集小群在浅水或沼泽地觅食，主要以软体动物、鱼虾、昆虫等为食。

【分布地域】在中国繁殖于东北、西北和华北地区，迁徙期间在其他大部分地区为旅鸟或冬候鸟。

【生存现状】《世界自然保护联盟濒危物种红色名录》无危（LC）。

鸻形目 彩鹬科

Rostratula benghalensis

彩鹬

【外形识别】体长 24~28 厘米。雌鸟头颈、胸棕红色，头顶黄色，眼后具一条白色粗纹；雄鸟与雌鸟相像，但体形稍小，羽色浅且具斑纹。

虹膜为深褐色，喙为角质色，跗跖为黄绿色。

【生活习性】栖息于丘陵低山或平原草地中的芦苇塘、沼泽、河滩地带。主要以水蚯蚓、虾蟹、昆虫为食，也吃植物和谷物。

【分布地域】在东北、华北、华中等部分地区为夏候鸟，在长江以南地区为常见留鸟。

【生存现状】《世界自然保护联盟濒危物种红色名录》无危（LC）。

雄鸟

雌鸟

小贴士

什么鸟是爸爸孵卵和带娃？

在动物世界中经常是雄性占据追求地位，但也有例外，彩鹬就与之相反。在繁殖期，雌鸟会求偶，追逐雄鸟。而且它们是一妻多夫制，雌鸟依次与不同雄鸟交配后，会为它们各产一窝卵，然后扬长而去。剩下的孵化、育雏等一系列工作，都是由雄鸟负责到底的。

这种的鸟类不止彩鹬一种，比如红颈瓣蹼鹬（*Phalaropus lobatus*）、黄脚三趾鹑（*Turnix tanki*）和水雉（*Hydrophasianus chirurgus*）等都具有这样的繁殖特性。

鸻形目 鹮嘴鹬科

Ibidorhyncha struthersii

鹮嘴鹬

【外形识别】体长37~42厘米，雌雄相似。整体灰色，红色的喙长而下弯，具一条黑色胸带，特征明显易辨。

虹膜为红色，喙为红色，跗跖为粉红色。

【生活习性】栖息于山地、高原和丘陵地区的河流溪边，尤喜多石（与其羽色相像）的河流沿岸。主要吃蠕虫、昆虫，也吃小鱼虾、软体动物。

【分布地域】在中国分布于华北、西北和西南地区，为常见区域性留鸟，亦有冬季到低海拔地区的垂直迁徙习性。

【生存现状】《世界自然保护联盟濒危物种红色名录》无危（LC）。

【小贴士】

一些鸟的名字来自身体特征

很多鸟是以其器官的形状特征命名的。比如鹮嘴鹬的喙长而弯曲，因同鹮科鹮属鸟类的喙极为相似而得名。勺嘴鹬因喙像一把小勺子而得名。黑翅长脚鹬因超长的脚而得名。白骨顶则因位于头顶的额甲为白色而得名。

鸻形目 水雉科

Hydrophasianus chirurgus

水雉

【外形识别】体长 39～58 厘米，雌雄相似。俗称水凤凰、凌波仙子。颈部后端覆盖金黄色羽毛，两翼主要为白色，尾羽像雉鸡一样是长尾羽，特征明显易辨。

虹膜为深褐色，喙为蓝灰色，跗跖为黄绿色。

【生活习性】常栖息于挺水植物和漂浮植物丰富的小型淡水湖泊、池塘和沼泽地带。

【分布地域】在中国分布于长江流域和东南沿海地区，也见于山西、河南、河北等省。为夏候鸟或留鸟。

【生存现状】《世界自然保护联盟濒危物种红色名录》无危（LC）；《国家重点保护野生动物名录》二级。

【小贴士】

为什么有的鸟脚特别大?

在湿地生活,尤其是要靠挺水植物生存的鸟类,主要是秧鸡科和鹭科的鸟。这些鸟栖息在沼泽或近水草丛中,步行快速,不善高飞,靠的是一双特别大的脚。

别小看这双大脚,它的作用可大了——对于常在水边、漂浮植物上或水田中觅食的水雉,它们的大脚能把体重平摊在漂浮的叶子上,行走时犹如"水上漂"。

此外,有的鸟靠大脚抓吃食物(如紫水鸡),有的鸟靠大脚攀缘在芦苇或蒲草上抓捕猎物(如黄斑苇鳽),还有的鸟大脚趾间具瓣蹼,擅长游水(如白骨顶)。

鸻形目 鸻科

Charadrius veredus

东方鸻（héng）

【外形识别】体长 22～26 厘米，雌雄相似。雄鸟繁殖羽头部偏白，橙红色的胸部具黑色胸带，非繁殖羽胸带不明显；雌鸟的棕黄色胸部无胸带。

虹膜为深褐色，喙为黑色，跗跖为橙黄色。

【生活习性】栖息于干旱平原、山脚荒地、盐碱湿地地带，偶见于湖泊、沼泽地带。

【分布地域】在中国繁殖于内蒙古东部和辽宁。在北部地区为夏候鸟，在东部地区为旅鸟。

【生存现状】《世界自然保护联盟濒危物种红色名录》无危（LC）。

雌鸟

雄鸟

鸻形目 鸻科

Vanellus cinereus

灰头麦鸡

【外形识别】体长 32~36 厘米，雌雄相似。整体灰褐色，头、颈、胸灰色，具黑色胸带。

虹膜为红色；喙为黄色，端部为黑色；跗跖为黄色。

【生活习性】栖息于平原的草地、湖畔、河边、沼泽、水塘及农田地带。

【分布地域】在中国除新疆和西藏外，见于各省。繁殖于北方地区，迁徙经过中部地区，越冬于南方地区。

【生存现状】《世界自然保护联盟濒危物种红色名录》无危（LC）。

什么是鸟类的隐形"护目镜"？

瞬膜（nictitating membrane）是脊椎动物中的无尾两栖类、爬行类和鸟类所特有的一种透明或半透明的眼睑，又称"第三眼睑"。瞬膜从眼内角上、下眼睑内面的黏膜皱襞伸出，能向上方或斜向运动，可以遮住眼球角膜。

鸟类的瞬膜非常发达，是保护其眼睛的特殊结构。鸟类的瞬膜可以自如开合，其内缘还具有羽毛状的上皮组织，好比汽车的雨刷，能随同瞬膜的运动清理角膜上的污物。瞬膜腺能分泌黏液，涂于眼表起润滑作用。

绝大多数鸟类的瞬膜都是透明的，而一些潜水鸟类的瞬膜中央还具备高透射区域，更有利于在昏暗的水下看见物体。在飞行中瞬膜可覆盖在角膜之外，就像戴了一副"风镜"，尤其是对于具备高感知器官和神经系统的高速飞行的鸟类（如隼类），它们需要避免强大的气流对眼球的刺激。

此外，鸟类在捕猎觅食、打斗应激、涉水洗澡等时，都会利用瞬膜保护眼睛。可以说，瞬膜是鸟类自身具备的隐形"护目镜"。左下图为灰头麦鸡觅食时瞬膜闭合瞬间。

鸻形目 鸻科

Vanellus vanellus

凤头麦鸡

【外形识别】体长 29~34 厘米，雌雄相似。具明显的冠羽及宽大胸带，两翼及背部有金属光泽。

虹膜为深褐色，喙为黑色，跗跖为粉红色。

【生活习性】栖息于平原的草地、湖畔、河边、沼泽、水塘及农田地带。

【分布地域】在中国分布于各地区。在北方地区为常见夏候鸟，在南方地区为常见冬候鸟。迁徙季节经过全国大部分地区。

【生存现状】《世界自然保护联盟濒危物种红色名录》近危（NT）。

小贴士

为什么鸟喜欢"金鸡独立"？

当看到鸟类使用一只脚站立时，我们就可以断定它是在休息，处于放松状态。

很多鸟类会用一只脚站着睡觉，这种做法看似奇怪，其实是一种精明的生存策略。如果仔细观察，我们会发现鸟类单脚站立时（尤其在冬季），都会把另外一只脚藏在羽毛中。这样做既是为了减少能量损失，也能保证不在夜晚损失过多体温。当然，鸟类也不会一直用一只脚站立，而是两脚交替。

鸨形目 鸨科

Otis tarda

大鸨（bǎo）

【**外形识别**】雄鸟体长 90～105 厘米，雌鸟体长 75～85 厘米。雄鸟和雌鸟的外形和羽色相近，雌鸟体形较雄鸟小。雄鸟繁殖羽喉部具胡须状纤羽，雌鸟无胡须状纤羽。

虹膜为深褐色，喙为黄褐色，跗跖为灰褐色。

【**生活习性**】栖息于开阔平原、干旱草原、半荒漠地区。食性杂。

【**分布地域**】在中国分布于东北地区、内蒙古和新疆，越冬于辽宁、河北、山西、河南、山东、陕西、江西、湖北等省。区域性易见，但很难靠近。

【**生存现状**】《世界自然保护联盟濒危物种红色名录》易危（VU）；《国家重点保护野生动物名录》一级。

雌鸟

雄鸟

小贴士

大鸨是什么鸟？

全球鸨科的鸟有 20 多种，中国有 3
种：大鸨、波斑鸨和小鸨。大鸨是
世界上最大的地栖飞行鸟类之一，
雄鸟体形大而强壮，形似鸵鸟，是
中国国家一级保护动物，被列入《濒
危野生动植物种国际贸易公约》附
录Ⅰ、附录Ⅱ和附录Ⅲ。栖息地被
破坏，草原过度开垦、过度放牧和
偷猎，使大鸨丧失适宜的栖息地并
受到严重威胁，亟待加强保护。

大鸨在中国曾经是一种较为常见的
鸟类，大鸨名字中的"鸨"，自古
以来就有种种传说。

一是它们成群生活在一起，每群的
数量总是七十只左右，于是人们就
根据它们的集群个数，用"七十"
加鸟字，构成了"鸨"字。

二是根据"鸨，纯雌无雄，与它鸟
合。"鸨鸟只有雌的而无雄的，它
们是"万鸟之妻"。这显然是毫无
科学依据的无稽之谈，没有雄鸟怎
么可能繁衍呢？事实上，这种说法
产生的原因有可能是大鸨的雄鸟在
交配之后，不参与以后的筑巢、孵
卵和育雏等繁育工作。

攀缘能手

攀禽

黄冠啄木鸟（学名：*Picus chlorolophus*）

　　攀禽包括啄木鸟目、佛法僧目、夜鹰目、鹃形目、鹦鹉目、犀鸟目、雨燕目等。顾名思义，此类鸟最明显的特征就是擅长攀缘。

　　攀禽主要生活在有树木的平原、山地或者崖壁附近。为了适应所生活的环境，攀禽们的脚趾进化出了不同的形状。有第二、三脚趾向前，第一、四脚趾向后的，这种称为对趾足的脚趾结构更有利于攀缘树木，啄木鸟、杜鹃、鹦鹉等就是此类鸟；也有前3趾的基部有所并合，称为并趾足的，比如翠鸟、犀鸟等；还有4趾均朝前，称为前趾足的，比如雨燕等。

　　攀禽的翅膀大多为圆形，这种翅形不适合长距离高速飞行，因而它们很少有迁徙行为。但雨燕目和部分鹃形目鸟类是例外，尤其是雨燕，这种翅形狭长的鸟以高超的飞行技巧、较快的飞行速度，以及超长的迁徙距离著称。

　　此外，攀禽的喙因其食性不同而呈现多种形态。啄木鸟的喙强壮有力，可凿木捉虫；翠鸟的喙长而有韧性，适于扎进水中捉鱼；鹦鹉的喙短粗带钩，可以咬破坚果壳；雨燕和夜鹰的喙短而口裂甚大，增大了开口面积，有利于提高在飞行中捕获昆虫的概率。

啄木鸟目 啄木鸟科

Dendrocopos major

大斑啄木鸟

【**外形识别**】体长 20~25 厘米，雌雄相似。雄鸟枕部为红色，雌鸟枕部为黑色。肩部和翅上各有一大块白色斑纹，特征明显。

虹膜为深褐色，喙为铅灰色，跗跖为灰色。

【**生活习性**】栖息于各类林地中，尤以针阔混交林为多，也出现于林缘次生林和城市公园地带。以昆虫及其幼虫为主食，也吃植物果实和草籽等。

【**分布地域**】在中国几乎见于所有林区，为常见留鸟。

【**生存现状**】《世界自然保护联盟濒危物种红色名录》无危（LC）。

雌鸟

【小贴士】

什么鸟会储存食物？

除了人类，很多动物也非常清楚收获和储存食物的重要性，如啄木鸟、山雀等，都具有储存和准确找回储存的食物的非凡能力。

有的大斑啄木鸟会把甲虫储存在小树洞中（见左图），待需要时再享用。而美洲有一种橡树啄木鸟，秋天会把成千上万粒橡树籽储存（镶嵌）在树干上，以备过冬。松鸦则会把多余的食物储存在土洞里，还会用树叶遮盖隐藏。食物充足时，红隼会把吃不完的小鼠储存在草丛中的固定位置。伯劳储存食物的方法很独特，它们会把多余的猎物挂在树木或铁丝网的尖刺上风干。

雄鸟

啄木鸟目 啄木鸟科

Yungipicus canicapillus

星头啄木鸟

【外形识别】体长 14~17 厘米，雌雄相似。雄鸟在枕部两侧各有较小面积的红斑，通常难见。

虹膜为深褐色，喙为铅灰色，跗跖为铅灰色。

【生活习性】栖息于多类林地中，也出现于林缘次生林和城市公园地带。常单独或成对活动，以昆虫为主食，也吃植物的果实和种子。

【分布地域】在中国多分布于东部及中部地区，为留鸟。

【生存现状】《世界自然保护联盟濒危物种红色名录》无危（LC）。

小贴士

为什么啄木鸟啄木不会得脑震荡?

为什么啄木鸟能承受高速敲击树木的震动,既不会头疼也不会得脑震荡?

原来,啄木鸟的头部是由三重防震装置构成的。首先,它的头骨结构疏松且充满气体,其内部还有一层坚韧的外脑膜;其次,在外脑膜和脑髓之间有一条狭窄的含液体缝隙,可以吸收震波,起到消震的作用;最后,它的头颈两侧都生有发达而强有力的肌肉,可以起到消减突然旋转的水平运动,防止脑损伤的作用。这些装置确保了啄木鸟啄木而不会得脑震荡。自然界自古以来就是人类各种技术思想、工程原理及重大发明的源泉。啄木鸟头部的防震装置,为安全防护帽和运动头盔的仿生设计提供了启示和方案。

啄木鸟目 啄木鸟科

Picus canus

灰头绿啄木鸟

【外形识别】体长 26~33 厘米，体长 20~25 厘米，雌雄相似。整体灰绿色，头部灰色，具黑色髭纹。雄鸟额头为红色，雌鸟没有红顶。

虹膜为黄色，喙为灰黄色，跗跖为灰色。

【生活习性】栖息于各类林地中，也出现于林缘次生林和城市公园地带。以昆虫及其幼虫为主食，也吃植物果实和草籽等。常从树干基部开始围绕上攀寻找食物。喜挖掘蚁卵育雏，如左下图为用蚁卵喂育雏鸟的场景。

【分布地域】在中国几乎见于所有林区，以及城市树林中，为常见留鸟。

【生存现状】《世界自然保护联盟濒危物种红色名录》无危（LC）。

雌鸟

雄鸟

什么是"蚁浴"？

一些鸟类会让大群蚂蚁爬到自己的羽毛中觅食，即帮自己"洗澡"。这是因为蚂蚁分泌的富含酸性物质的蚁酸是天然的杀虫剂，一次"蚁浴"过后，蚂蚁既为鸟儿除去了寄生虫，留下的蚁酸还能驱除一些其他生物。

自然界中的很多鸟类都会巧妙地利用蚂蚁的觅食行为清理自己，这种一举两得、互利共存的现象，在大自然中处处可见。研究发现，雀形目中的30多科、200多种鸟类有这种习性。

左图为在进行"蚁浴"的灰头绿啄木鸟雌鸟。

啄木鸟目 拟啄木鸟科

Psilopogon asiaticus

蓝喉拟啄木鸟

【外形识别】体长 21~24 厘米，雌雄相似。整体浅绿色，蓝喉蓝脸，红额红头顶，颈部前两侧各具一红斑。

虹膜为棕褐色，眼周皱皮为橙色，喙为淡黄色，端部近黑色，跗跖为灰褐色。

【生活习性】栖息于海拔 2000 米以下的低山常绿阔叶林，也出现于种植园、公园等地带。繁殖季节，在山谷里能经常听到其不厌其烦地鸣叫。以树木的果实、种子和花等为主食，也吃少量昆虫和其他动物性食物。

【分布地域】在中国分布于云南、西藏和广西，为常见留鸟。

【生存现状】《世界自然保护联盟濒危物种红色名录》无危（LC）。

小贴士

谁是大树的医生?

小时候，我们可能通过各种途径了解到啄木鸟是大树的医生，它们为树木除去害虫，和树木形成一种互惠互利的关系。但事实并非完全如此，自然界中的很多事情都需要辩证地看待。比如啄木鸟喜欢凿树洞筑巢，只要条件允许，它们几乎每年都会啄凿出新巢，而遗弃的洞穴还会成为其他动物的庇护所。这看似是一件好事，但是如果筑巢过多，树木就会面临死亡的威胁。俄罗斯就曾为此驱赶过保护区中的啄木鸟。

犀鸟目 犀鸟科

Anthracoceros albirostris

冠斑犀鸟

【外形识别】体长 74~78 厘米，雌雄相似，雌鸟体形稍小。整体黑色，腹部、飞羽外侧及尾羽边沿白色。喙上部具巨大的盔突（雄鸟盔突上的黑斑明显大于雌鸟的），特征明显。

虹膜为褐色，眼周裸皮为蓝白色；喙为象牙白至蜡黄色，雌鸟的喙尖为黑色；跗跖为黑色。

【生活习性】栖息于低山具巨大乔木的大面积雨林中。常成对或集小群活动。以榕树的果实和种子为主食，也捕食爬行动物、蜗牛和昆虫等。

【分布地域】在中国分布于云南西部和南部，以及广西南部，为留鸟。是中国 5 种犀鸟中最容易见到的。

【生存现状】《世界自然保护联盟濒危物种红色名录》无危（LC）；《国家重点保护野生动物名录》一级。

小贴士

谁是奇异的"爱情鸟"？

在热带雨林中，生活着一类珍稀且漂亮、寿命达 30～40 岁却终身不换配偶的奇异"爱情鸟"——犀鸟。犀鸟不仅忠贞，而且以独有的方式共同养育后代。

犀鸟会选择在高大的树干上的大树洞中筑巢。产完卵后，产房里的雌鸟就会和产房外的雄鸟一起，将衔来的泥土和黏液混合，把树洞口封堵起来，仅留下一个能给雌鸟喂食的缝隙，以防天敌的袭击。在孵化的 30 多天中，雌鸟的食物供给完全由雄鸟负责。此时洞口仍是封闭的，只有当雏鸟再长大一些后，雌鸟才会啄开洞口解除"禁闭"，并和雄鸟一起哺育雏鸟。

雄鸟

佛法僧目 翠鸟科

Halcyon smyrnensis

白胸翡翠

【外形识别】体长 27~30 厘米，雌雄相似。身体红棕色；颏至胸白色；翼亮蓝色，中部白色，初级飞羽端部黑褐色。

虹膜为深褐色，喙为红色，跗跖为红色。

【生活习性】栖息于山地和平原的各类水域附近。以鱼、蟹、软体动物和水生昆虫为主食，也吃其他昆虫及蛙、蛇、鼠等。

【分布地域】在中国分布于长江以南的大部分地区，为常见留鸟。

【生存现状】《世界自然保护联盟濒危物种红色名录》无危（LC）；《国家重点保护野生动物名录》二级。

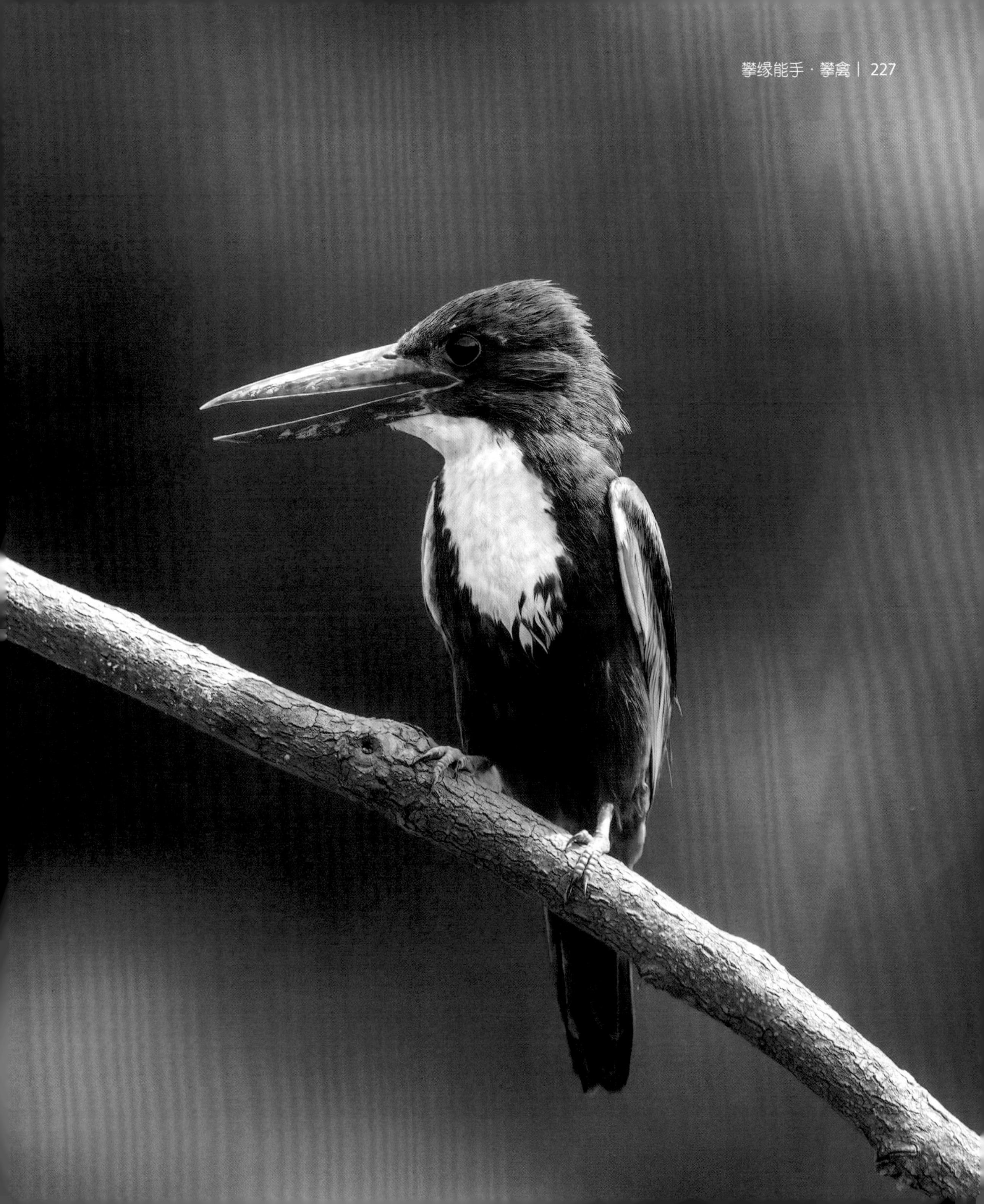

佛法僧目 翠鸟科

Alcedo atthis

普通翠鸟

【外形识别】体长 15~18 厘米，雌雄相似。身体蓝绿色，头部布满亮蓝色斑纹，颊、喉白色，胸、腹橙黄色。

虹膜为深褐色；喙为黑色，雌鸟的下喙为红色；跗跖为橙红色。

【生活习性】栖息于山地和平原的各类水域附近。常站在近水树枝或岩石上伺机抓鱼，以小鱼虾为主食，也吃水生昆虫等。

【分布地域】在中国分布于除新疆以外的所有地区，非常常见。

【生存现状】《世界自然保护联盟濒危物种红色名录》无危（LC）。

雌鸟

【小贴士】

什么是点翠？

点翠，是一项始于汉代的中国传统金银首饰制作工艺，有着点缀和美化金银首饰的作用。早在唐代，点翠装饰就已成为帝后冠服中不可或缺的重要组成部分。到了清代，点翠工艺更是发展到了顶峰，点翠装饰已经不限于王室的少数人使用，成了彰显家世的一种首饰。

翠，即翠鸟羽毛。点翠工艺即将从翠鸟身上取下的蓝色羽毛镶嵌在金银首饰上，一套点翠头面，可能是用上百只翠鸟的生命换来的。由于大量的捕猎，翠鸟一度濒临灭绝。如今，保护翠鸟已经成为社会共识。但是流传了千年的点翠工艺具有极高的艺术价值，难道要就此失传了吗？新时代有新办法，随着现代技术的发展，人们已经

开发出不少可以替代翠鸟羽毛的仿真材料，诸如丝绸和染色的其他羽毛。用这些材料制作的首饰，效果并不亚于使用翠鸟羽毛的制品。

雄鸟

佛法僧目 翠鸟科

Halcyon pileata

蓝翡翠

【外形识别】体长 26～30 厘米，雌雄相似。整体主要为蓝、白、黑橙色，黑头红喙，特征明显。

虹膜为深褐色，喙为红色，跗跖为红色。

【生活习性】栖息于山地和平原的各类水域附近。以鱼虾、软体动物和水生昆虫为食，也吃蛙、蜥蜴、蛇、鼠等。

【分布地域】在中国繁殖于东北、华北和西南大部分地区。在华南地区和台湾为留鸟。

【生存现状】《世界自然保护联盟濒危物种红色名录》无危（LC）。

佛法僧目 翠鸟科

Megaceryle lugubris

冠鱼狗

【外形识别】体长 40~43 厘米，雌雄相似。头部有明显的带白色斑点的黑色羽冠。体羽以黑色为主，并具密集的白色椭圆形斑点。

虹膜为深褐色；喙为黑色，基部和尖端为黄白色；跗跖为黄灰色。

【生活习性】栖息于山地和平原的各类水域附近。以鱼类为主食，也吃蛙类等。

【分布地域】在中国广泛分布于东部地区，较为常见。

【生存现状】《世界自然保护联盟濒危物种红色名录》无危（LC）。

小贴士

什么是"鱼狗"?

鱼狗是翠鸟科鸟类的俗称。此科鸟在中国有斑头大翠鸟、普通翠鸟、蓝耳翠鸟、三趾翠鸟、鹳嘴翡翠、赤翡翠、白胸翡翠、蓝翡翠、白领翡翠,以及冠鱼狗和斑鱼狗,共 11 种。

翠鸟科的鸟都是捕鱼好手,主要以吃鱼为生,鱼狗的名字也由此而来。

佛法僧目 蜂虎科

Merops viridis

蓝喉蜂虎

【**外形识别**】体长 26～28 厘米，雌雄相似。以蓝喉为特征，头顶至上背栗红色，下体和两翅绿色。雄鸟体形略大，中央尾羽更长。

虹膜为红褐色，喙为黑色，跗跖为灰色。

【**生活习性**】栖息在低洼处的开阔河坡及林地，喜站在高处的枝杈上观察。在空中捕食，主要以各种蜂类为食，也吃蝴蝶等其他昆虫。

【**分布地域**】在中国主要分布于云南、广西、广东、海南、福建、湖南、江西和河南。

【**生存现状**】《世界自然保护联盟濒危物种红色名录》无危（LC）；《国家重点保护野生动物名录》二级。

【 小贴士 】

什么鸟会挖洞筑巢？

每年的 5 ～ 7 月，蓝喉蜂虎都会回到繁殖地营穴筑巢，繁育后代。它们喜欢扎堆聚集在多沙地带，如河滩坝埂上，挖掘土洞做巢。

蓝喉蜂虎挖洞的速度极快，远远望去，挖洞的地方就像一个个正在施工的小型工地（见左图）。此外，翠鸟、燕等科属的部分鸟类，也擅长挖洞筑巢。

鹃形目 杜鹃科

Cuculus micropterus

四声杜鹃

【外形识别】体长 31~34 厘米，雌雄相似，别名布谷鸟。整体灰褐色，胸腹白色，具稀疏的黑色横斑，近尾端处具比较明显的黑色宽斑。

虹膜为褐色，喙为灰黄色，跗跖为黄色。

【生活习性】栖息于山地和平原地带的针阔混交林。喜隐蔽，在春天的旷野里通常只听其声而不见其身。鸣叫声悠长，以"快快布谷"或"光棍好苦"四声一度的节奏反复鸣唱。主要以昆虫为食，特别喜食毛虫。巢寄生，在中小型雀形目鸟类的巢中产卵。

【分布地域】在中国除新疆外见于所有地区，为区域性常见夏候鸟。

【生存现状】《世界自然保护联盟濒危物种红色名录》无危（LC）。

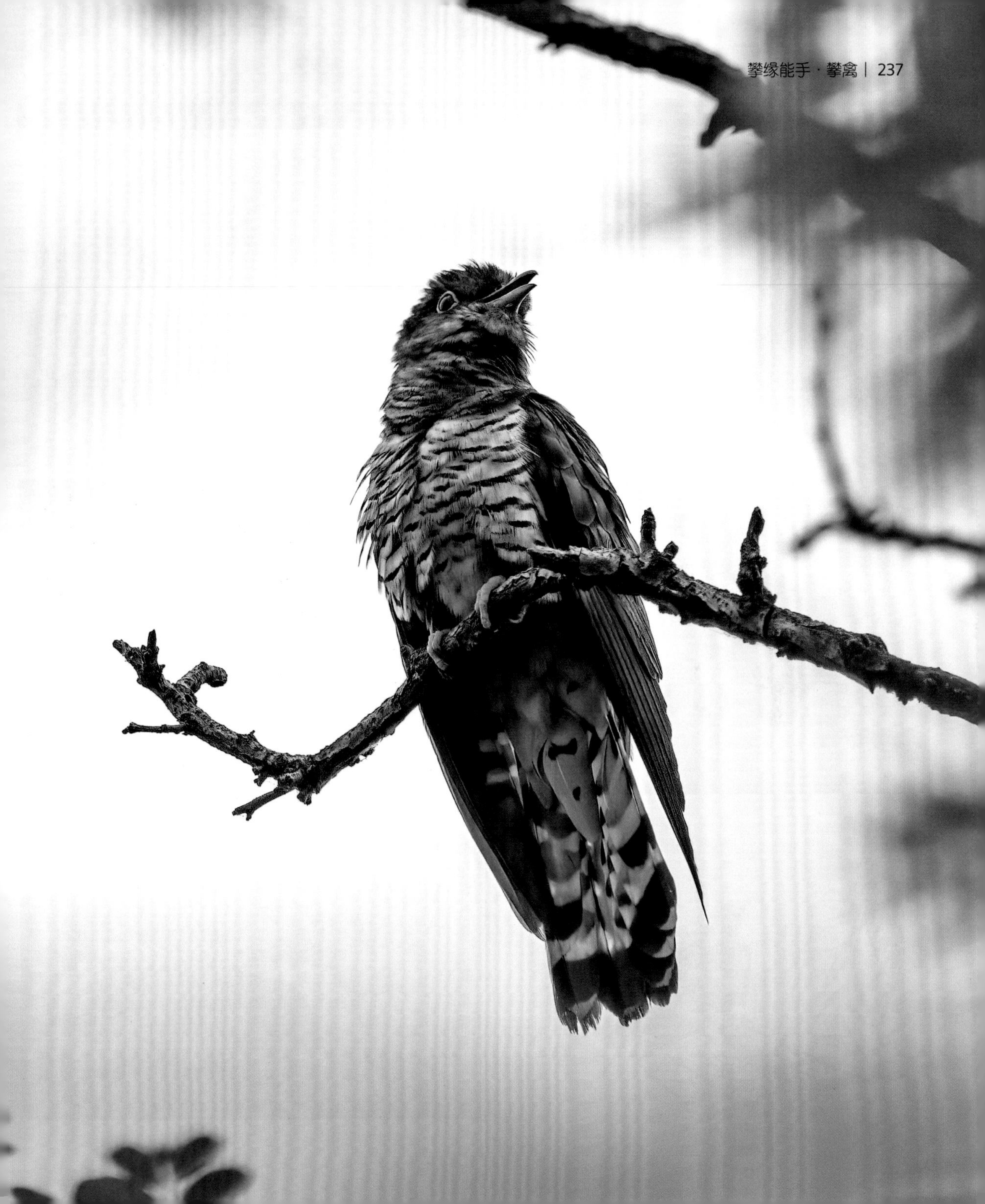

鹃形目 杜鹃科

Cuculus canorus

大杜鹃

【**外形识别**】体长 32~35 厘米，雌雄相似。整体暗灰色，腹部白色，具黑色细横纹。雄鸟上体浅灰色，雌鸟上体浅褐色。

虹膜为黄色；喙为黑色，下喙基部为黄色；跗跖为黄色。

【**生活习性**】栖息于山地和平原地带的针阔混交林，特别是在近水树林生境，以及农田附近的高大树林地带。站立时身体姿态平直。春天，以"布谷、布谷"二声一度的节奏反复鸣唱。巢寄生，在多种雀形目鸟类的巢中产卵。

【**分布地域**】在中国分布于除西部高海拔地区和贫瘠沙漠以外的所有地区，为夏候鸟。

【**生存现状**】《世界自然保护联盟濒危物种红色名录》无危（LC）。

雌鸟

雄鸟

小贴士

什么是巢寄生？

巢寄生是某些鸟类将卵产在其他鸟类的巢中，由其他鸟类（义亲）代为孵化和育雏的一种特殊的繁殖习性。据研究，有5科80多种鸟类有典型的巢寄生行为。杜鹃科的大杜鹃就是一种我们熟知的巢寄生鸟。

大杜鹃通常会叼走原主的一个蛋，用自己的蛋取而代之。有趣的是，被巢寄生的主要"冤大头"——苇莺，无法分辨出自己的蛋和大杜鹃的蛋。而且由于大杜鹃的蛋一般发育较快，通常会比原主的蛋先破壳，大杜鹃的幼鸟出世后，会把原主的蛋拱出巢外。

左图是大杜鹃寄生于东方大苇莺巢中，义亲在喂养大杜鹃幼鸟。

鹃形目 杜鹃科

Centropus sinensis

褐翅鸦鹃

【外形识别】体长 47~52 厘米，雌雄相似，俗称红毛鸡。除两翅和肩为栗色，其余体羽全为黑色，特征明显。

虹膜为暗红色，喙为黑色，跗跖为灰色。

【生活习性】栖息于低海拔丘陵和平原靠近水源的林缘灌丛、稀树草坡、田野村落地带。食性杂，主要以昆虫为食，也吃软体动物、蛇、蜥蜴、鼠类、鸟卵和雏鸟等，还吃植物性食物。

【分布地域】在中国主要分布于西南和东南地区。

【生存现状】《世界自然保护联盟濒危物种红色名录》无危（LC）；《国家重点保护野生动物名录》二级。

鹦鹉目 鹦鹉科

Psittacula derbiana

大紫胸鹦鹉

【外形识别】体长 37~50 厘米，雌雄相似。整体为绿色，额、喉为黑色，前颈及胸、腹为紫色，特征明显。

虹膜为黄色；雄鸟的上喙为红色，下喙为黑色，雌鸟的上下喙均为黑色；跗跖为灰色。

【生活习性】栖息于较高海拔的丘陵林区的阔叶林、针叶林及混交林地带。喜集群活动。

【分布地域】在中国主要分布于西藏东南部、四川西南部、云南西部及西北部地区。为留鸟。在西藏拉萨西郊的罗布林卡公园，有易见的稳定种群。

【生存现状】《世界自然保护联盟濒危物种红色名录》近危（NT）；《国家重点保护野生动物名录》二级。

雄鸟

雌鸟

⟨小贴士⟩

为什么鹦鹉能学人说话？

鸟类能发出各种各样的声音，是因为它们拥有一种特殊的发声器官——鸣管。作为鸟界的模仿大师，鹦鹉主要依靠鸣管周围几块灵活的肌肉——鸣肌来发出各种各样的声音。这些肌肉能够灵活地收缩放松，使发出的声音更加多变，再配合上鹦鹉强大的学习能力，它们经过训练能够模仿人类的声音也就不足为奇了。

但是，没有经过训练的野生鹦鹉，一般是不会说话的。当然，鹦鹉说话只不过是学舌而已，它们并不懂得所说语言的真实含义。

犀鸟目 戴胜科

Upupa epops

戴胜

【外形识别】体长 25~31 厘米，雌雄相似。整体浅褐色，具端斑黑色且能开合的醒目冠羽，喙细长略下弯，特征明显。

虹膜为深褐色；喙为黑色，基部为角质色；跗跖为灰色。

【生活习性】栖息于山地森林、林缘平原、农田村屯、草地果园等生境。在树洞、砂石缝隙等处营巢，繁育时有不清理粪便的习性而使得巢穴很臭，所以别名为臭姑鸪。以昆虫和小型无脊椎动物为食，用长喙插入土中取食。以波浪式缓慢起伏飞行。

【分布地域】在中国除新疆和西藏部分地区外均有分布，在北方和西部地区尤为常见。

【生存现状】《世界自然保护联盟濒危物种红色名录》无危（LC）。

什么是乞食行为?

乞食是鸟类乞求食物的一种行为。雏鸟及幼鸟的乞食行为对亲鸟是一个特定的刺激信号,亲鸟不断喂食是对这一刺激信号做出的反应。当乞食行为消失,亲鸟即停止喂食。由于雏鸟及幼鸟还不具备自己取食的能力,所以其乞食行为通常表现为向亲鸟发出刺激信号。随着能力的改变,乞食行为也会变化。比如,刚出壳不久的雏鸟,其乞食行为就是张嘴鸣叫,进而是鸣叫加身体动作;当幼鸟出飞,具备了一定的飞行能力,但还不会自己捕食,就会跟随亲鸟乞食。如本页图就是戴胜幼鸟用喙戳亲鸟的身体发出刺激信号,表示它饿了,乞求亲鸟为其抓虫子。亲鸟在此阶段会根据具体情况做出反应,如果亲鸟认为需要尽快培养幼鸟的自理能力,那就不会积极应答乞食刺激信号。

此外,雌雄鸟在春天繁育求偶初期,也会表现出乞食行为。比如,普通翠鸟在确定配偶、选择巢址期间,雌鸟会不断向雄鸟发出乞食刺激信号,雄鸟则抓鱼喂给雌鸟作为应答,进而进行交配,进入孵卵阶段后乞食行为即消失。

啄木鸟目 啄木鸟科

Jynx torquilla

蚁䴕（liè）

【外形识别】体长 16~17 厘米，雌雄相似。体羽整体灰褐色，花纹斑驳，喉至下体具细横斑。

虹膜为褐色，喙为角质色，跗跖为灰绿色。

【生活习性】栖息于低山丘陵疏林地带，尤喜在针阔混交林活动。性孤独，通常单独活动。主要以蚂蚁和蚁卵为食。舌甚长，尖端带钩且有黏液，可以伸入树洞或蚁巢中探寻取食。

【分布地域】在中国分布广泛，在北方地区为夏候鸟，在南方地区为冬候鸟，迁徙时途经全国大部分地区。

【生存现状】《世界自然保护联盟濒危物种红色名录》无危（LC）。

小贴士

专吃蚂蚁的鸟

蚁䴕是啄木鸟科的小型鸟类，在啄木鸟科的鸟中属于尾羽柔软的一种。虽然蚁䴕常常攀在树干上，但那是它们在用与树干相似的羽色、斑纹来伪装自己，并不是要凿木抓虫。其实，蚁䴕是专门在地上挖掘蚁洞捕食蚂蚁的一种啄木鸟，它们利用格外长的带黏液的舌头，粘吃蚁洞里的蚂蚁和蚁卵。

蚁䴕还有一个俗称叫"歪脖"，其颈前及胸部有着密集的横纹，很像蛇的样子，当它们受惊或准备恐吓来犯者时，就会将颈部的羽毛炸开，像蛇一样扭转，其英文名"Eurasian Wryneck"中的"Wryneck"就是这个意思。

雨燕目 雨燕科

Apus apus

普通雨燕

【外形识别】体长 16~17 厘米，雌雄相似。通体深褐色，颏、喉灰白色，双翅狭长，尾为叉状。

虹膜为红褐色，喙为黑色，跗跖为灰色。

【生活习性】栖息于草原、荒漠以及城市生境。在自然生境中于悬崖峭壁营巢，在城市多选择于古建筑物上繁殖。喜集群活动，在空中捕食蚊虫。

【分布地域】在中国北方地区为常见夏候鸟，在非洲越冬。

【生存现状】《世界自然保护联盟濒危物种红色名录》无危（LC）。

攀禽中的另类鸟

攀禽大多不擅长长距离高速飞行和迁徙，但雨燕目和部分鹃形目的鸟类是例外。

雨燕每只脚的 4 个脚趾均朝前，利于悬附在悬崖峭壁或古建筑及墙体的缝隙中。这样的结构决定了它们不会站在电线、树枝上。除了产卵、孵化是在巢中，不管白天黑夜它们总是不停地飞，看起来似乎不需要休息。但其实不然，雨燕可以左右大脑交替休息，它们通过短暂休息就能够满足基本的生理需要。

鸟类学家通过多年对在北京生活的普通雨燕的研究，以及读取往年环志及定位器的数据判定，普通雨燕的寿命可超过20 年，而北京就是普通雨燕最远的繁殖地之一。它们每年 7 月中旬左右离开繁殖地，飞行 1.5 万千米返回非洲越冬地，来年再飞回繁殖地。它们一代又一代，年复一年，跨越近 30 个国家和地区，往返于北京与非洲。

天籁歌王

鸣禽

蓝冠噪鹛（学名：*Garrulax courtoisi*）

鸣禽是指善于鸣叫，能发出婉转动听的鸣叫声的雀形目鸟类，约占世界鸟类总数的3/5。它们体形差异很大，小的如柳莺只有9厘米左右，大的如渡鸦能够达到70厘米。食性也各有不同，许多鸣禽是重要的食虫鸟类，但很多种类会因季节食虫和食植物兼顾，还有专门吃花蜜的种类。

鸣禽最显著的特点就是比其他鸟类更善于鸣叫，这是因为它们具有比其他鸟类更发达的发声器官，鸣管外侧生有可调控紧张度的鸣肌，用来发出各种音调的鸣叫声。比如，苍头燕雀就可以在2.5秒内唱出12个音节，这些音节可准确地重复鸣叫出来。鸣禽的鸣叫声也会因性别和季节的不同而有差异，雄鸟在繁殖季节的鸣叫声最为动听和响亮。在一些鸟类中，特征性的婉转鸣叫是先天遗传的，但在另外一些鸟类中，雏鸟必须听到成年雄鸟的鸣啭才能在后天学会。

雀形目 燕科

Hirundo rustica

家燕

【外形识别】体长 15~19 厘米，雌雄相似。主要特征是上体蓝黑色，具金属光泽。飞行时尾分叉像剪子，动作敏捷，速度较快。

虹膜为深褐色，喙为黑色，跗跖为黑色。

【生活习性】栖息在人类居住的开阔生境中。喜欢在民居房檐下，甚至屋中房顶上筑巢。主要以昆虫为食，在飞行中抓捕蚊虫及各种飞虫。

【分布地域】在中国各地均有分布，主要为夏候鸟。在南部地区为冬候鸟或留鸟。

【生存现状】《世界自然保护联盟濒危物种红色名录》无危（LC）。

雀形目 鸦科

Pica pica

喜鹊

【外形识别】体长 40~50 厘米，雌雄相似。头、胸、背黑色，腹部白色，双翼黑白相间。尾、翅的黑色部分具蓝绿色金属光泽。

虹膜为褐色，喙为黑色，跗跖为黑色。

【生活习性】喜欢在有人类活动的地区栖息、筑巢。食性杂，既捕食昆虫、蛙类等小型动物，也吃瓜果、谷物、植物种子等。时常结伙攻击猛禽。

【分布地域】在中国几乎分布于全国各地，为留鸟。中国共有 4 个亚种。

【生存现状】《世界自然保护联盟濒危物种红色名录》无危（LC）。

喜鹊驱赶、骚扰大型猛禽——秃鹫

喜鹊是什么鸟?

喜鹊在中国是家喻户晓的一种鸟,传统文化中把喜鹊看作吉祥的象征,关于它也有很多动人的传说。

1. 报喜。有这样一个故事,唐代有个做官的人,家门前的树上有个喜鹊巢,他常喂喜鹊,从此人鸟有了感情。一次他被冤枉入狱,倍感痛苦,突然有一天他喂的那只喜鹊停在狱窗前欢叫不止。他猜想是喜鹊传好消息来了。果然,3 天后他被无罪释放。有了这些故事的印证,喜鹊能报喜的说法大为流行,文人墨客也对喜鹊赞赏有加。关于喜鹊的绘画题材也较为多样:两只喜鹊面对面是

"喜相逢";流传最广的则是喜鹊站在梅花枝上叫"喜上眉梢"。

2. 鹊桥。传说善良的牛郎认识了下凡的仙女织女,两人互生情意,织女偷偷做了牛郎的妻子。他们一男一女,生活幸福。但好景不长,违反天条的织女被带回天上,恩爱夫妻被拆散。牛郎历尽千辛万苦,只能在天河对岸哭泣,痛不欲生却无法相会。他们的忠贞爱情感动了鹊仙,鹊仙让千万只喜鹊飞来,搭成鹊桥,让牛郎织女走上鹊桥相会。这个感人的传说代代相传,由此形成了七夕节。

喜鹊的习性你知道吗?

鸦科鸟喜鹊性情凶猛,会盗食其他鸟类的卵和雏鸟,甚至经常会驱赶、骚扰猛禽。

由于喜鹊食性较杂,给人的印象是什

么都吃,其学名中的拉丁语 *pica* 一词也有引申为异食癖的意思。

看看(右组图从上到下)喜鹊都吃了什么东西:花生、蛤蟆、玉米、种子、水蛭、老鼠、垃圾。

雀形目 鸦科

Urocissa erythrorhyncha

红嘴蓝鹊

【外形识别】体长 50~60 厘米，雌雄相似。整体灰蓝色，头颈黑色，枕部至头顶白色，尾羽具白色端斑，两中央尾羽较长。

虹膜为红色或暗红色，喙为红色，跗跖为红色。

【生活习性】主要栖息于山区的阔叶林、针叶林和针阔混交林，以及城市公园等林地。性喧闹，喜集群，善滑翔。攻击性强，会主动攻击猛禽及蛇类。食性杂。

【分布地域】在中国分布广泛，见于除东北、西北大部分地区和台湾之外的广大地区。为常见留鸟。

【生存现状】《世界自然保护联盟濒危物种红色名录》无危（LC）。

雀形目 鸦科

Cyanopica cyanus

灰喜鹊

【**外形识别**】体长 32~40 厘米，雌雄相似。头顶和枕部黑色，上体灰色，飞羽和尾羽天蓝色，中央尾羽具白色端斑，特征明显。

虹膜为褐色，喙为黑色，跗跖为黑色。

【**生活习性**】栖息于低山和平原的次生林和人工林内，也见于城市林地和公园中。除繁殖季节外，多集小群，也会集成数十只的大群活动。食性杂，以昆虫、植物的果实及种子为食。

【**分布地域**】在中国除西藏外，各地均有分布。

【**生存现状**】《世界自然保护联盟濒危物种红色名录》无危（LC）。

谁是"松毛虫的克星"？

灰喜鹊是中国最著名的益鸟之一，以昆虫为食，最爱捕食松毛虫，被誉为"松毛虫的克星"。灰喜鹊能在果园、人工林中捕食害虫，在中国一些经济林较集中的地方，有不少引进灰喜鹊来保护经济林的成功案例。如山东省日照县的回龙林区，以前每年使用 2.5 吨左右的农药防治松毛虫，但自从开展灰喜鹊防治松毛虫研究后，6700 亩山林范围内靠驯养和保护约 3000 只野生灰喜鹊，做到了不再使用农药进行灭虫。这样既避免了污染，节约了开支，又保护了鸟类，避免了虫害。

不过据科学研究，灰喜鹊其实是杂食性鸟类，不是典型的食虫鸟，对虫害的控制只能说有一定的作用，目前对其治理虫害的科学研究尚不深入，需要做进一步的探索。

雀形目 卷尾科

Dicrurus macrocercus

黑卷尾

【外形识别】体长 24~30 厘米，雌雄相似。通体黑色，具金属光泽，尾长而分叉，末端略卷。

虹膜为暗红色，喙为黑色，跗跖为黑色。

【生活习性】栖息于山坡、平原的阔叶林及灌丛，亦在城郊、村庄附近活动。以昆虫为主食。常停留在树梢等待时机觅食，也擅长在空中飞行时抓捕昆虫。

【分布地域】在中国分布于全国各地，大部分地区常见，东北、西北地区偶见。

【生存现状】《世界自然保护联盟濒危物种红色名录》无危（LC）。

雀形目 鸦科

Corvus macrorhynchos

大嘴乌鸦

【外形识别】体长 45~57 厘米，雌雄相似。通体黑色，并具金属光泽，喙粗大，额略呈方形，特征明显。

虹膜为深褐色，喙为黑色，跗跖为黑色。

【生活习性】栖息于低山、平原的各种森林中。喜在人居环境中活动。食性杂，主要以昆虫为食，也吃小型脊椎动物及植物的果实、种子等，亦吃腐食。

【分布地域】在中国分布于全国各地，北方地区多见，南方地区少见。有 10 余个亚种。为常见留鸟。

【生存现状】《世界自然保护联盟濒危物种红色名录》无危（LC）。

〔小贴士〕

乌鸦是什么鸟？

乌鸦是雀形目鸦科部分种类的通称，体形大，羽色多为纯黑色。分布于中国的有大嘴乌鸦、小嘴乌鸦、秃鼻乌鸦、白颈鸦、寒鸦、渡鸦等。乌鸦喜欢集群生活，冬季常常集成大群，性情凶猛，人们经常能看到它们攻击猛禽，很多爱好者称其为"鸦科大佬"。

别看乌鸦"颜值"不高、叫声难听，但脑容量比例大，它们被称作世界上最聪明的鸟类之一。鸟类学家曾对鸟类进行测验，测出各种鸟类的智商高低。结果表明，乌鸦是具有第一流智商的鸟类，其综合智力大致与家犬的智力水平相当。因此，乌鸦具有独到的使用工具以达到目的的能力。

雀形目 伯劳科

Lanius sphenocercus

楔尾伯劳

【外形识别】体长 25~31 厘米，雌雄相似。整体为灰色，具黑色贯眼纹，飞羽多黑色，尾长呈楔形。是中国 14 种伯劳中体形最大的一种。

虹膜为黑色，喙为黑色，跗跖为黑色。

【生活习性】栖息于低山、平原的林缘灌丛草地，常单独活动。主要以昆虫为食，也捕食小型脊椎动物。有将猎物悬挂进食的习性。

【分布地域】在中国除新疆以外均有分布。在东北、西北等地区为夏候鸟，在华北、华中和华南地区为冬候鸟。

【生存现状】《世界自然保护联盟濒危物种红色名录》无危（LC）。

什么是"屠夫鸟"？

伯劳科的鸟有一个别名——屠夫鸟。这是因为伯劳捕捉到蛙、蜥蜴、小鸟和鼠类，或是大型昆虫等后，有把猎物尸体挂在树木枝杈、铁丝网上撕食的习性；有时不全吃掉，会用这种方式储存食物。

雀形目 王鹟科

Terpsiphone incei

寿带

【外形识别】雄鸟体长 35~49 厘米，雌鸟体长 17~21 厘米。雄鸟头颈深蓝色，具冠羽，眼圈天蓝色，具超长延长尾羽；雌鸟与雄鸟相似，但无延长尾羽。体羽有白、栗红两种色型。特征明显。

虹膜为深褐色，喙为黑色，跗跖为深蓝色。

【生活习性】栖息于低海拔近水阔叶林及竹林地带。在森林的上层捕捉昆虫，有时也在底层觅食。

【分布地域】在中国除西北部分地区外，分布于全国各地，为常见夏候鸟和旅鸟。

【生存现状】《世界自然保护联盟濒危物种红色名录》无危（LC）。

雌鸟

雄鸟

雄鸟

雀形目 鸦科

Nucifraga caryocatactes

星鸦

【外形识别】体长 30~38 厘米，雌雄相似。因咖啡褐色的体羽上覆盖着白斑，好似点点繁星而得名，特征明显。

虹膜为深褐色，喙为黑色，跗跖为黑色。

【生活习性】常栖息于宽阔的针叶林，偶见于针阔混交林中。有储藏食物的习性。

【分布地域】在中国共有两个亚种，见于东北、华中和西南地区，以及台湾。为留鸟，在部分山地环境中，有随季节短距离垂直迁移的情况。

【生存现状】《世界自然保护联盟濒危物种红色名录》无危（LC）。

小贴士

鸟类如何传播种子？

鸟类传播植物的花粉或种子，主要有3种方式。一是专以花蜜为食的鸟类，如太阳鸟、啄花鸟和鹦鹉等，它们在啄吸花蜜时，会沾上花粉，从而将其带到不同地方。二是以植物果实为食的鸟类，它们将果实吞食后，未能消化的种子随粪便排出，这样种子就能在不同的地方继续生长。鸟类飞行距离越远，种子传播范围也越广。三是不少以种子为食的鸟类有为过冬储藏食物的习性，例如星鸦嗜食松子，它们会把非常多的松子储藏在不同的角落，但却常常遗忘，这些散布的松子是树林扩展的一个重要原因。

从某种角度来说，鸟类也是自然界的"植树造林"能手。

雀形目 太平鸟科

Bombycilla garrulus

太平鸟

【外形识别】体长 19~23 厘米，雌雄相似。整体灰褐色，具明显冠羽，喉黑色，尾羽端斑黄色。

虹膜为深褐色，喙为深灰色，跗跖为深灰色。

【生活习性】栖息于针叶林、针阔混交林和杨树、桦树林中，亦见于城市园林的次生林生境。喜集群活动，有时会集成近百只的大群。在繁殖期主要以昆虫为食，秋后则以浆果为主食。

【分布地域】在中国迁徙季见于东北至华南的广大地区，为冬候鸟和旅鸟。

【生存现状】《世界自然保护联盟濒危物种红色名录》无危（LC）。

雀形目 鸫科

Turdus mandarinus

乌鸫（dōng）

【外形识别】体长 24~30 厘米，雌雄相似。眼圈黄色。雄鸟通体黑色，雌鸟通体深褐色。

虹膜为深褐色；雄鸟的喙为苇黄色，雌鸟的为黄色至褐色；跗跖为褐色。

【生活习性】栖息于次生林等各种不同类型生境的森林中，高海拔地区亦可见，尤喜林缘疏林、农田果园和城市园林。主要以昆虫、蚯蚓等为食。

【分布地域】在中国广泛分布于中东部地区，是公园中最常见的鸟种之一。

【生存现状】《世界自然保护联盟濒危物种红色名录》无危（LC）。

小贴士

为什么亲鸟要叼吃雏鸟的粪便？

为什么一些鸟类在给雏鸟喂食以后，总会守候雏鸟排便，并迫不及待地将粪便吃掉或叼离鸟巢？关于这种现象有两种解释。一是由于雏鸟消化系统的功能还不是很好，一些食物未被完全吸收就被排泄出来了，而大鸟消化系统健全，所以可以再次食用。二是早期雏鸟的活动能力弱，对天敌的防护能力差，不能暴露目标，所以必须严格清除粪便；后期雏鸟的活动能力强了，才会自己把粪便排到巢外。右上图为乌鸫在叼吃雏鸟的粪便。

雄鸟

雌鸟

雀形目 鹟科

Phoenicurus auroreus

北红尾鸲（qú）

【外形识别】体长 13~16 厘米，雌雄羽色有别。雄鸟头顶及枕部灰色，头侧、喉及两翅黑色，下体红棕色；雌鸟体羽褐色。雌雄尾羽均为棕红色，均具清晰的三角形白色翼斑。

虹膜为深褐色，喙为黑色，跗跖为黑色。

【生活习性】栖息于山地河谷、低矮树丛中，多在林缘灌丛地带活动。主要以昆虫为食。

【分布地域】在中国除西北地区以外广泛分布，常见于各种生境。在长江以南地区为冬候鸟，在长江以北地区为夏候鸟、旅鸟或留鸟。

【生存现状】《世界自然保护联盟濒危物种红色名录》无危（LC）。

雄鸟

雌鸟

《小贴士》

如何防止鸟机相撞？

鸟类是生活中比较常见的动物，也是人类的伙伴。但是，自人类发明飞机以来，因飞机飞行速度过快，鸟类躲闪不及，从而误撞飞机而造成的事故就频繁发生。特别是需要长途跋涉的候鸟，经常会因为迁徙路线和航线重合，或迁徙地就在机场旁而误撞飞机。为了防止这种事发生，很多机场不仅在选址阶段就会考量鸟类的迁徙路线和周围环境，还会针对性地使用各种驱逐鸟类的方法。常用的驱鸟方法有利用鸟类生理习性来驱鸟，又如以鸟攻鸟，利用训练有素的猛禽来驱赶机场附近的其他鸟类。随着无人机系统在智能化、可靠性上的提升，专业无人机驱鸟也成为一种新型的驱鸟方法。

雀形目 鹟科

Rhyacornis fuliginosus

红尾水鸲

【外形识别】体长 12~13 厘米，雌雄羽色有别。雄鸟通体暗蓝灰色，尾红色。雌鸟上体灰褐色，下体白色，具灰色鳞状斑，尾大部分白色。

虹膜为褐色，喙为黑色，跗跖为灰褐色。

【生活习性】栖息于山地多石溪流与河谷沿岸，也见于平原河岸边。主要以昆虫为食。

【分布地域】在中国分布于除东北和西北以外的大部分地区，为常见留鸟。

【生存现状】《世界自然保护联盟濒危物种红色名录》无危（LC）。

雄鸟

雌鸟

雀形目 鹟科

Copsychus saularis

鹊鸲

【外形识别】体长 18~22 厘米，雌雄体羽有别。雄鸟体羽黑白相间，似小号喜鹊；雌鸟体羽灰白相间。

虹膜为深褐色，喙为黑色，跗跖为灰褐色。

【生活习性】栖息于海拔 2000 米以下的低山林缘疏林，尤喜村落庭院环境，以及城市公园。叫声多变，擅长模仿其他鸟类的鸣叫声。主要以昆虫为食，亦食少量植物的果实与种子。

【分布地域】在中国广泛分布于南方地区，为当地常见留鸟。

【生存现状】《世界自然保护联盟濒危物种红色名录》无危（LC）。

雄鸟

雌鸟

雀形目 椋鸟科

Sturnus cineraceus

灰椋（liáng）鸟

【外形识别】体长 20～24 厘米，雌雄相似。整体灰褐色，耳羽白色。

虹膜为深褐色；喙为橙色，末端渐灰；跗跖为黄褐色。

【生活习性】栖息于低山林缘、平原农田、草甸灌丛地带。以昆虫为主食，亦食少量植物的果实与种子。

【分布地域】在中国见于东部和中部地区稀疏林地。在东北、华北和西北东部地区为夏候鸟，在黄河以南地区主要为冬候鸟，亦有少量留鸟种群。

【生存现状】《世界自然保护联盟濒危物种红色名录》无危（LC）。

鸟儿为什么爱洗澡？

洗澡和梳羽是鸟类保持身体清洁、减少疾病发生的重要手段。鸟儿不论大小、种类，都要洗澡和梳羽。

威猛彪悍的大型猛禽和涉禽，洗起澡来慢条斯理、温文尔雅；袖珍娇小的林鸟，洗澡时风风火火、干净利索；水禽洗澡时，动静最大……

地理环境和鸟的习性不同，使鸟类的洗澡大致分为水浴和沙浴。大部分鸟类采取水浴，而地栖性鸟类也有沙浴的习惯。鸟儿洗澡、清理全身的羽毛，还可以驱除羽毛上的寄生虫，有助于飞行的顺畅和身体健康。右图为灰椋鸟在洗澡。

雀形目 长尾山雀科

Aegithalos concinnus

红头长尾山雀

【**外形识别**】体长 9~12 厘米，雌雄相似。头顶棕红色，黑脸白喉，具不完整棕红色胸带。幼鸟似成鸟，但尚未换羽，体羽为淡黄色。

虹膜为灰白色，喙为黑色，跗跖为黄褐色。

【**生活习性**】栖息于山地落叶林和灌木林间，亦见于城市园林等生境。性活跃，喜集群。在林间不停跳跃鸣叫取食，主要以昆虫为食。

【**分布地域**】在中国见于南方大部分地区。西北、华北及西南部分地区，以及西藏南部和东南部亚种，有稳定分布。

【**生存现状**】《世界自然保护联盟濒危物种红色名录》无危（LC）。

雀形目 椋鸟科

Acridotheres cristatellus

八哥

【外形识别】体长 23~28 厘米，雌雄相似。通体黑色，具白色翼斑，额前具黑色形似冠羽的直立羽簇，特征明显。

虹膜为淡黄色，喙为淡黄色，跗跖为黄褐色。

【生活习性】栖息于较低海拔的低山和平原的树林，以及田间、村落和城市公园生境。喜集群，爱鸣叫，善行走。常在水牛背上抓啄寄生虫。食性杂，主要以昆虫为食，也吃谷物等植物性食物。

【分布地域】在黄河以南的大部分地区为常见留鸟。在北方部分地区的逃逸鸟，业已形成稳定的种群。

【生存现状】《世界自然保护联盟濒危物种红色名录》无危（LC）。

雀形目 噪鹛科

Pterorhinus perspicillatus

黑脸噪鹛（méi）

【外形识别】体长 27~32 厘米，雌雄相似。整体灰褐色、前额、眼前和耳羽形成黑色眼罩，臀及尾下覆羽棕黄色，特征明显。

虹膜为褐色；喙为灰褐色，尖端色浅；跗跖为肉色。

【生活习性】栖息于低海拔山地灌丛，次生林、竹林，以及城市公园等生境。喜集群，性吵闹，多在地面觅食。食性杂，以昆虫为主食，亦食植物的果实、种子，以及农作物。

【分布地域】在中国分布于华东、华中和华南地区，为常见留鸟。

【生存现状】《世界自然保护联盟濒危物种红色名录》无危（LC）。

雀形目 鹎科

Pycnonotus sinensis

白头鹎（bēi）

【外形识别】体长 18~21 厘米，雌雄相似，俗称白头翁。整体为黄绿色，额头至头顶为黑色，枕部为白色，特征比较明显。

虹膜为深褐色，喙为黑色，跗跖为深褐色。

【生活习性】栖息于丘陵树林、平原灌丛以及公园庭院等各种生境，适应性很强。食性杂，动物性和植物性食物均吃。

性活跃，喜集群，善鸣叫。

【分布地域】在中国几乎分布于全国各地，是很多城市中最常见的鸟类之一。

【生存现状】《世界自然保护联盟濒危物种红色名录》无危（LC）。

【小贴士】

什么是"白头翁"？

说到白头鹎这个名字，很多人会感到有些陌生，其实白头鹎有一个非常著名的俗称——白头翁。关于白头翁的故事，相信你一定知道一二。传说有一种非常漂亮的绿色小鸟，一直想学本领，于是它向喜鹊学搭窝，向黄莺学唱歌，又学飞行，再学打猎……而每学一项本领都虎头蛇尾，直到头发全白了也没学到真本领。为了吸取教训、告诫后代，它就把满头白发留给了子孙，于是有了现在的白头鹎。

但白头鹎真的白头了吗？其实，白头鹎的"白头"是指它的白色枕部。

雀形目 鹎科

Pycnonotus jocosus

红耳鹎

【外形识别】体长 18~21 厘米，雌雄相似。前额至头顶具黑色高耸尖状羽冠，眼后下方有一深红色短羽簇，特征明显。

虹膜为红褐色，喙为黑色，跗跖为黑色。

【生活习性】栖息于低海拔常绿阔叶林、林缘灌丛、树林草坡、公园庭院等生境。性活泼，喜集群。食性杂，主要以植物性食物为食，也吃昆虫等动物性食物。

【分布地域】在中国分布于西藏东南部、西南、华南等地区，为当地的常见留鸟。

【生存现状】《世界自然保护联盟濒危物种红色名录》无危（LC）。

雀形目 苇莺科

Acrocephalus orientalis

东方大苇莺

【外形识别】体长17~19厘米，雌雄相似。整体橄榄褐色，具不明显的眉纹。

虹膜为褐色；喙为深灰色，下喙基部黄色；跗跖为灰褐色。

【生活习性】典型的芦苇丛中的鸟类，栖息于低海拔山脚平原、湖畔水库、河流沼泽的芦苇湿地等水域地带。性活泼，常大声鸣叫。以昆虫为主食。

【分布地域】在中国分布于除西藏和新疆以外的广大地区，在海南和台湾亦有分布。为常见夏候鸟。

【生存现状】《世界自然保护联盟濒危物种红色名录》无危（LC）。

雀形目 噪鹛科

Leiothrix lutea

红嘴相思鸟

【外形识别】体长 13~15 厘米，雌雄相似。上体呈橄榄绿色或橄榄褐色，红嘴黄喉，飞羽具红黄翼斑，尾羽分叉。

虹膜为褐色；喙为红色，雌鸟的喙基为黑色；跗跖为黄褐色。

【生活习性】栖息于山地常绿阔叶林、林下灌丛、竹林、茶园等生境。主要以昆虫为食，也吃植物的果实、种子等。

善鸣叫，鸣叫声婉转动听。

【分布地域】广布于喜马拉雅山脉，在中国南方大部分山区为常见留鸟。

【生存现状】《世界自然保护联盟濒危物种红色名录》无危（LC）；《国家重点保护野生动物名录》二级。

小贴士

什么是"相思鸟"？

传说当相思鸟失去配偶后，会拒绝饮食，最后忧郁而亡。但鸟类学家研究发现，事实并非如此。研究者故意给相思鸟调换配偶，发现它们经过很短时间的适应后，就能在原有配偶死亡的情况下，寻找新伴侣开始新的生活，可见传说只是一种寄望。

相思鸟属有银耳相思鸟和红嘴相思鸟两种，它们外形相似，在中国均有分布。中国夜莺是相思鸟的别名。相思鸟的鸣叫声悦耳动听，颇受人们喜爱。

目前野生相思鸟种群数量日趋减少，为加强保护，红嘴相思鸟已被列为中国国家二级保护野生动物。

雀形目 山雀科

Parus major

大山雀

【外形识别】体长 12~14 厘米，雌雄相似。上体黄绿色，下体白色并具一黑色中央纵纹，脸颊白色。

虹膜为深褐色，喙为黑色，跗跖为深灰色。

【生活习性】栖息于阔叶林和针阔混交林等各类林地。性活泼，不惧人。冬季集群。主要以昆虫为食，亦喜吃植物种子。

【分布地域】在中国分布于除新疆和海南以外的广大地区，为常见留鸟。

【生存现状】《世界自然保护联盟濒危物种红色名录》无危（LC）。

雀形目 鹡鸰科

Anthus hodgsoni

树鹨 (liù)

【外形识别】体长 15~17 厘米，雌雄相似。整体浅棕色，眉纹乳白色，胸腹乳白色，具黑色清晰粗纵斑。

虹膜为深褐色；上喙为灰褐色，下喙为浅棕色；跗跖为粉红色。

【生活习性】栖息于山地阔叶林、针叶林和混交林等林地。与其他种类的鹨相比，更喜树林，也擅长在地面行走觅食。

主要以昆虫为食，也吃苔藓、谷物等植物性食物。

【分布地域】在中国东北、西北和华北地区为夏候鸟。在南方地区越冬。

【生存现状】《世界自然保护联盟濒危物种红色名录》无危（LC）。

雀形目 鸦雀科

Paradoxornis heudei

震旦鸦雀

【外形识别】体长 18~20 厘米，雌雄相似。具明显的黑色眉纹，额顶及颈背棕灰色，上下背黄褐色。黄色带钩的短而厚的喙有点像鹦鹉的喙。

虹膜为红褐色，喙为黄色，跗跖为灰黄色。

【生活习性】集群栖息于沿海及内陆的芦苇湿地。主要以昆虫为食，也吃浆果、种子。在芦苇丛中活动，极少下到地面。

【分布地域】分布于西伯利亚以及中国的长江下游地区、黑龙江、内蒙古、北京、河南等地。为留鸟。

【生存现状】《世界自然保护联盟濒危物种红色名录》近危（NT）；《国家重点保护野生动物名录》二级。

震旦鸦雀是什么鸟？

震旦鸦雀是一种在中国有分布的珍稀鸟种。1872 年，法国传教士、著名博物学家阿芒·戴维根据采自江苏一个湖边芦苇丛的标本，对该鸟用"震旦"进行了命名。

该种鸟在 20 世纪 80 年代之前曾有过记录，但此后再也没有人见到过，直到 1991 在盘锦市才被再次发现，自此震旦鸦雀又回到人们的视野中。震旦鸦雀每年 4 月开始在芦苇丛中筑巢，雌雄亲鸟共同育雏。雏鸟刚离巢还不会主动觅食和飞行，只能攀爬芦苇秆在巢边活动。此时期亲鸟会追随雏鸟递食（见右组图），直到雏鸟学会自己觅食。

震旦鸦雀不时会蹿到芦苇最高端眺望抓虫。夏秋容易抓到虫子，冬春就吃芦苇秆里的虫子。它们厚厚的短小带钩的喙易于剥开芦苇秆，抓到里面的虫子（见上图）。

雀形目 鸦雀科

Raradoxornis webbianus

棕头鸦雀

【外形识别】体长 11~13 厘米，雌雄相似。整体棕色，体形圆润，脖子甚短，尾长。俗称"驴粪球儿"。

虹膜为褐色；上喙基为铅灰色，喙端及下喙为角质色；跗跖为褐色。

【生活习性】栖息于中低海拔的阔叶林、混交林、疏林灌丛和芦苇沼泽等生境，以及城市公园湿地等。主要以昆虫为食，也吃植物的果实与种子等。性活跃，不惧人。喜集群欢叫着游走觅食。

【分布地域】在中国见于东北、华北、华东、西南和华南等地区，为留鸟。

【生存现状】《世界自然保护联盟濒危物种红色名录》无危（LC）。

雀形目 花蜜鸟科

Aethopyga christinae

叉尾太阳鸟

【外形识别】体长 9~11 厘米，雌雄有别。雄鸟喙细长下弯，绿头绿尾，红喉红胸，中央尾羽延长，后羽片变窄呈叉状，特征明显。雌鸟略小，全身橄榄绿色。

虹膜为深褐色，喙为黑色，跗跖为褐色。

【生活习性】栖息于低山溪旁茂密阔叶林缘的灌丛中，尤喜开花的灌丛。以花蜜为主食，兼捕食昆虫。鸣唱动听，

叫声尖细，有金属感。

【分布地域】在中国分布于长江以南的部分地区。为区域性常见留鸟。

【生存现状】《世界自然保护联盟濒危物种红色名录》无危（LC）。

雄鸟

雌鸟

雀形目 雀科

Passer montanus

麻雀

【**外形识别**】体长 13~15 厘米，雌雄相似。也叫树麻雀。整体浅褐色，头棕色，脸颊及脖颈白色，耳羽区具黑斑。虹膜为深褐色，喙为黑色，跗跖为粉褐色。

【**生活习性**】栖息于海拔 2500 米以下的各类生境中，常在人类集居的城市和村镇活动。喜群居，冬季集大群。为典型的食谷鸟类，全年主要以植物种子为食，育雏则主要以昆虫为食。

【**分布地域**】在中国几乎分布于所有地区，为常见留鸟。

【**生存现状**】《世界自然保护联盟濒危物种红色名录》无危（LC）。

〖 小贴士 〗

中国有几种麻雀？

麻雀是雀形目雀科的小型鸟类，因其体表有着棕黑色的麻斑而得名，全球有 20 多种。麻雀是中国最常见的鸟类之一，随处可见。它们多在有人类居住的地方生活，性情活泼，胆大近人，往往营巢于人类的建筑物上。

中国还有另外 4 种麻雀，分别是：家麻雀、山麻雀、黑顶麻雀和黑胸麻雀。

麻雀被列入国务院制定的《国家保护的有益的或者有重要经济、科学研究价值的陆生野生动物名录》中。麻雀虽多，但也是需要保护的鸟类。

雀形目 鹡鸰科

Motacilla alba

白鹡（jí）鸰（líng）

【外形识别】体长 17~20 厘米，雌雄相似。上体黑灰色，下体白色；幼鸟上体黄褐色，下体白色。有多个亚种，通常的区分见右组图。

虹膜为深褐色，喙为黑色，跗跖为黑色。

【生活习性】栖息于河流、湖泊、水库、水塘等各种水域岸边，也见于农田草地、沼泽湿地、公园路边等生境。主要以昆虫为食。

【分布地域】在中国分布于中部和北部广大地区，为夏候鸟。在华南地区为留鸟。

【生存现状】《世界自然保护联盟濒危物种红色名录》无危（LC）。

〖 小贴士 〗

什么是"张飞鸟"？

白鹡鸰身上的颜色主要为黑白相间，据说是因其形状类似戏剧中张飞的脸谱，所以浙江一带民间称之为张飞鸟。鲁迅先生的《从百草园到三味书屋》一文中，有冬天在园里捕鸟的描述："所得的是麻雀居多，也有白颊的'张飞鸟'，性子很躁，养不过夜的。"

诗经《常棣》中则这样描述鹡鸰鸟："脊令在原，兄弟急难。每有良朋，况也永叹。"这句诗表达的是手足之间的情谊比朋友间的感情要深。

在中国鹡鸰科有 7 种鸟，白鹡鸰是分布最广、亚种分化最多的一种。

普通亚种

东部亚种

东北亚种

东部亚种幼鸟

西南亚种

西北亚种

雀形目 攀雀科

Remiz consobrinus

中华攀雀

【外形识别】体长 10~11 厘米，雌雄相似。整体褐色。雄鸟头灰色，过眼纹黑色；雌鸟头褐色，过眼纹褐色。

虹膜为深褐色，喙为铅灰色，跗跖为深褐色。

【生活习性】栖息于开阔平原、半荒漠的近水疏林地带，在杨树、榆树、槐树和柳树等阔叶林中繁育，迁徙期间也见于芦苇湿地生境集群。主要以昆虫为食，冬季则多以草籽、浆果等为食。

【分布地域】在中国东北、华北地区为夏候鸟，在长江中下游以及华南和云南西部地区越冬。

【生存现状】《世界自然保护联盟濒危物种红色名录》无危（LC）。

雌鸟

雄鸟

雀形目 雀科

Onychostruthus taczanowskii

白腰雪雀

【外形识别】体长 14~17 厘米，雌雄相似。整体灰褐色，眼先黑色，似熊猫眼。

虹膜为褐色；喙为铅灰色，尖端为深灰色；跗跖为黑色。

【生活习性】栖息于高海拔的高山草甸和有稀疏植被的荒漠、半荒漠地带，筑巢于废弃的鼠类或小型兽类的洞中。成对或集小群活动。善于在地上跑跳，性好斗。主要以草籽、植物种子等为食，也吃昆虫等。

【分布地域】在中国分布于甘肃、新疆、西藏、青海和四川。冬季会向低海拔地区进行短距离迁徙。

【生存现状】《世界自然保护联盟濒危物种红色名录》无危（LC）。

什么是"鸟鼠同穴"？

"鸟鼠同穴"最早出自《尚书·禹贡》："导渭自鸟鼠同穴。"意思是说渭河自一座名叫"鸟鼠同穴"的山发源而来。鸟鼠同穴山位于甘肃省境内，或许是古人最早发现鸟鼠同穴现象的地方，后来的《山海经》和《水经》中也都提到过这座鸟鼠同穴山。

如果放到现实中来看，"鸟鼠同穴"中的鼠指的就是鼠兔，这是兔形目的一种小动物，似鼠为兔，在高原草甸常见。鼠兔擅长打洞筑巢，又有为了安全和卫生不断遗弃旧家挖掘新家的天性。而雪雀就会利用鼠兔遗弃的旧巢安家。鸟类学家观察研究发现，白腰雪雀、棕颈雪雀、棕背雪雀和黑喉雪雀等，都会利用鼠兔遗弃的旧洞营巢。

下图为棕颈雪雀与鼠兔和睦相处。

雀形目 柳莺科

Phylloscopus proregulus

黄腰柳莺

【外形识别】体长 9~10 厘米，雌雄相似。整体橄榄绿色；黄眉宽而长，前半部分为柠檬黄色，后半部分近白色；腰部具明显的黄带。

虹膜为褐色；喙为黑色，下喙中至喙基为橙色；跗跖为褐色。

【生活习性】栖息于针叶林和针阔混交林，通常单独或成对在林间高大树木的冠层活动。喜食蚜虫等小型昆虫。

【分布地域】在中国分布于全国各地。在黑龙江、吉林和内蒙古北部地区为夏候鸟。在华北、华中、华东、华南、东南和西南地区为冬候鸟。

【生存现状】《世界自然保护联盟濒危物种红色名录》无危（LC）。

中国有多少种柳莺?

全世界有 80 种柳莺，中国有 51 种。柳莺是我国最常见、数量最多的小型鸣禽。柳莺属于雀形目柳莺科，俗称柳串儿等，雌雄相似，大多背羽为橄榄绿色或褐色，下体为淡白色，喙细尖，腿纤细。

作为一种非常活跃的小鸟，柳莺在枝间觅食时会不断地跳跃，一刻也不停息，并不时发出尖细清脆的"崽儿、崽儿"声，这些特征可以让我们轻易识别它们。但是如果要准确区分 50 余种柳莺，却不是一件易事。

雀形目 鹀科

Emberiza cioides

三道眉草鹀（wú）

【外形识别】体长 15~18 厘米，雌雄相似。整体棕色。雄鸟脸部具鲜亮的褐、黑、白三色图纹，胸栗红色，在繁殖期尤其明显。雌鸟色浅。

虹膜为深褐色；上喙为深灰色，下喙为蓝灰色且尖部颜色深；跗跖为粉褐色。

【生活习性】栖息于丘陵及平原地带林缘的灌丛、草丛。冬季集群活动。主要以草籽、种子、谷物以及昆虫为食。

【分布地域】在中国除新疆、西藏、东北地区和海南以外，常见于广大地区。

【生存现状】《世界自然保护联盟濒危物种红色名录》无危（LC）。

小贴士索引

后记

　　我迷上鸟类大概是很多年前了，那时候每天脑子里都是想着出去拍摄、观察，心里也一直留存了要给大家做一本精美的科普图书的想法。幸得出版社邀请，我得以利用这几十年来所拍摄的图片做一本图书。

　　本书摄影图片的选取，力求做到艺术性和工具性并举，也采用了市面上少见的用图和文字讲故事的方法。我希望能带给大家一本从多种角度展示鸟类，能够当成小故事书来阅读的图鉴类的书。

　　我在写作中遇到了很多问题，在此，要感谢我的朋友和认识的老师们帮助我解决，也要特别感谢赵欣如教授愿意为本书作序，还要感谢我的编辑在小贴士等多个部分给我提供的帮助。

2022 年 10 月 10 日

参考文献

[1] 刘洋，陈水华. 中国鸟类观察手册 [M]. 长沙：湖南科学技术出版社，2021.
[2] 赵欣如. 中国鸟类图鉴 [M]. 北京：商务印书馆，2018.
[3] 约翰·马敬能. 中国鸟类野外手册 [M]. 北京：商务印书馆，2022.
[4] 赵正阶. 中国鸟类志 [M]. 长春：吉林科学技术出版社，2001.
[5] 郑光美. 鸟类学 [M]. 北京：北京师范大学出版社，1995.
[6] 李湘涛. 中国猛禽 [M]. 北京：中国林业出版社，2004.